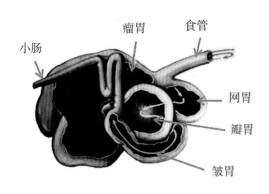

彩图 1　牛胃的结构（剖面示意图）

彩图 2　拴系式牛舍

彩图 3　散栏式牛舍

彩图 4　奶牛卧床

彩图 5 转盘挤奶台

彩图 6 单头犊牛栏

彩图 7 发情鉴定

彩图 8 卵巢

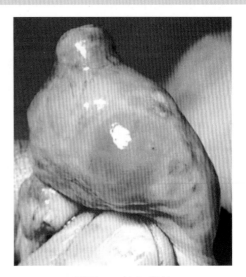

彩图 9 持久黄体

彩图 10　荷斯坦牛

彩图 11　娟姗牛

彩图 12　西门塔尔牛

彩图 13　爱尔夏牛

彩图 14　更赛牛

彩图 15　三河牛

彩图 16　中国草原红牛　　　　　　　彩图 17　新疆褐牛

彩图 18　微量元素舔砖　　　　　　　彩图 19　犊牛自动饲喂

彩图 20　奶牛待产区　　　　　　　　彩图 21　助产

河南省科学技术协会资助出版·中原科普书系

河南省"四优四化"科技支撑行动计划丛书

优质奶牛标准化生产技术

施巧婷　王二耀　吕世杰　主编

中原农民出版社

·郑州·

本书编委会

主 编 施巧婷 王二耀 吕世杰

副主编（排名不分先后）

楚秋霞 张子敬 徐照学

参 编（排名不分先后）

陈付英 师志海 赵 戬 鲁立刚 张 震 郭璐明 李 锋 冯亚杰

郎立敏 乔智慧 王泰峰 辛晓玲 朱肖亭 滑留帅 魏成斌 赵彩艳

李 伟 刘贤侠 王红利 刘 石 曾 滔

图书在版编目（CIP）数据

优质奶牛标准化生产技术 / 施巧婷，王二耀，吕世杰主编 . —郑州：
中原农民出版社 , 2022.5

ISBN 978-7-5542-2567-7

Ⅰ.①优… Ⅱ.①施…②王…③吕… Ⅲ.①乳牛–饲养管理 –标准化
Ⅳ.①S823.9–65

中国版本图书馆CIP数据核字（2022）第024580号

优质奶牛标准化生产技术
YOUZHI NAINIU BIAOZHUNHUA SHENGCHAN JISHU

出 版 人：刘宏伟

策划编辑：段敬杰

责任编辑：苏国栋

责任校对：李秋娟

责任印制：孙 瑞

装帧设计：杨 柳

出版发行：中原农民出版社

地址：郑州市郑东新区祥盛街 27 号 邮编：450016

电话：0371-65713859（发行部） 0371-65788652（天下农书第一编辑部）

经 销：全国新华书店

印 刷：河南瑞之光印刷股份有限公司

开 本：787mm×1092mm 1/16

印 张：8

插 页：4

字 数：138 千字

版 次：2022 年 5 月第 1 版

印 次：2022 年 5 月第 1 次印刷

定 价：40.00 元

如发现印装质量问题，影响阅读，请与印刷公司联系调换。

目录

一、概　述

（一）奶牛标准化生产

1. 奶牛标准化生产的要求　奶牛标准化生产属于一个系统工程，包括奶牛生产的很多环节和不同层次。只有抓住各个层次的每个细节，才能使奶牛生产真正达到标准化。奶牛标准化生产，就是要达到"六化"，即品种良种化、养殖设施化、生产规范化、防疫制度化、粪污处理无害化和监管常态化。

1）品种良种化　主要体现在三个方面：

（1）严格而规范的品种选择　优良的奶牛品种，要求品种来源清楚，检疫合格。要因地制宜，根据生产目标选用适宜的奶牛品种。

（2）严格而规范的牛群选择　要求奶牛群的个体生产性能接近、体型一致，乳房、乳头发育良好，结构规整。生产性能接近、体型一致，便于统一调配饲料，统一管理；乳房发育良好，乳头大小、位置、分布等一致，便于机械化挤奶。

（3）严格而规范的育种计划　只有制定选育目标，并在奶牛群体实施长期、系统、科学的选育技术，才能使奶牛群得到整体的遗传改良。

2）养殖设施化　养殖场选址布局科学合理，奶牛圈舍、饲养和环境控制等生产设施设备齐全，满足标准化生产需要。

3）生产规范化　制定并实施科学规范的奶牛饲养管理规程，配备与饲养规模相适应的畜牧兽医技术人员，严格遵守兽药、饲料和饲料添加剂使用的有关规定，生产过程实行信息化动态管理。

4）防疫制度化　要求养殖设施完善，防疫制度健全。科学实施奶牛疫病综合防控措施，对病死奶牛实行无害化处理。要严格落实"防重于治、预防为主"的方针，根据奶牛重大、主要疫病的发生规律和特点，有组织、有计划地制定门卫管理制度、牧场消毒制度，传染病免疫、防疫程序，寄生虫病预防程序，做好奶牛乳房、肢蹄等的日常保健等工作，保障好奶牛的健康。

5）粪污处理无害化　要求奶牛粪污处理方法得当，设施齐全且运转正常，实现粪污资源化利用或达到相关排放标准。

6）监管常态化　在生产经营者加强自律的基础上，强化主管部门及社会的监督管理，切实保证奶牛养殖的规范化标准化，保证奶牛产品的安全。

2. 奶牛标准化生产的意义　奶牛标准化生产可以保证奶牛生产产业链的各个环节、各个细节有据可依，避免奶牛生产过程中问题频发，避免顾此失彼。推行奶牛标准化规模化生产，有利于增强奶牛综合生产能力，保障畜产品供给安全；有利于有效提升疫病防控能力，降低疫病风险，确保人畜安全；有利于从源头对产品质量安全进行控制，提升畜产品质量安全水平；有利于加快牧区生产方式转变，维护国家生态安全；有利于提高生产效率和生产水平，增加养殖收益；有利于畜禽粪污的集中有效处理和资源化利用，实现畜牧业与环境的协调发展。

（二）奶牛产业标准化发展现状和趋势

1. 奶牛产业标准化发展现状　奶业是健康中国、强壮民族的大产业。党中央、国务院高度重视奶业振兴，2018 年 6 月国务院办公厅印发了《关于推进奶业振兴保障乳品质量安全的意见》。2008 年以来，各地区、各部门都认真贯彻落实党中央、国务院的部署，以保障乳品质量安全为核心，全面开展了乳品质量安全监督执法和专项整治，加快转变了奶牛的养殖生产方式，推动乳品加工优化升级，奶业品质得到了大幅提升，现代奶业建设也取得显著成绩。奶业发达国家的经验证明，奶牛规模化、标准化养殖是奶业发展的必经之路，也是我国奶牛养殖业发展的必然阶段。近年来，为了促进畜牧业生产方式转变，全国深入推进奶牛标准化规模化养殖，全面提升奶牛规模养殖场（区）规范化管理水平，依据《中华人民共和国畜牧法》《农产品质量安全法》《畜禽标识和养殖档案管理办法》，2011 年，农业部出台了《农业部畜禽标准化示范场管理办法（试行）》《畜禽养殖标准化示范创建活动工作方案》作为标准化创建的指导，各省市畜牧局也因地制宜，制定了地方《畜禽养殖标准化示范创建活动工作方案》，在全国范围内积极推进奶牛标准化养殖示范场和养殖场（区）

规范化管理建设活动。同时通过举办技术培训、发放资料等形式，深入奶牛养殖场宣传关于建设标准化奶牛养殖小区的重要意义以及推广好的经验做法，为推进奶牛标准化、规模化养殖营造了良好的氛围，提高了广大养殖户的思想认识，加快了全国奶牛标准化、规模化养殖的步伐。

1）奶业生产能力迈上新台阶　根据国家统计局公布的数据，2019年奶业发展形势稳步向好，国产和进口双增，生产和消费两旺，迈出奶业振兴坚实的第一步。规模牛场已经成为当前我国商品化生鲜乳生产的主体，正在推动我国牛奶的整体质量提升。全国荷斯坦奶牛存栏1 200多万头；国内生鲜牛乳产量为3 201万吨，同比增长4.1%，增长率创近5年新高；奶牛年均单产持续提高，平均单产7.6吨。乳品市场种类丰富、供应充足，人均奶类消费量折合生鲜乳达到36.1千克。奶业已成为现代农业和食品工业中最具活力、增长最快的产业之一。

2）乳品质量安全水平大幅提升　奶业全产业链质量安全监管体系日趋完善，监管力度不断加强。生鲜乳抽检几乎覆盖所有奶站和运输车，实行乳制品出厂审批检验制度。生鲜乳中的乳蛋白、乳脂肪抽检平均值分别为3.14克/100克、3.69克/100克，均高于《食品安全国家标准　生乳》（GB 19301—2010）规定；规模牧场指标达到发达国家水平；违禁添加物抽检合格率连续7年保持100%。婴幼儿配方奶粉抽检合格率为97.2%，乳制品抽检合格率为99.5%，位居食品行业前列。

3）奶牛养殖方式加快转变　大力发展奶牛标准化、规模化养殖，实施振兴奶业苜蓿发展行动，推行奶牛遗传改良计划。奶牛养殖标准化、规模化、机械化、组织化水平显著提高，2019年存栏量大于100头的规模奶牛场所占比例已经达到64%，全部实现机械化挤奶，小规模养殖场越来越少。奶牛养殖过程中，饲料（草）加工机械化、饲喂机械化、粪便处理机械化水平达到了93%以上，环境控制机械化水平达到了87%。

4）乳制品加工加快转型　产业结构逐步优化，婴幼儿配方奶粉企业兼并重组，淘汰了一批布局不合理、奶源无保障、技术落后的奶牛场，乳制品企业加工装备、加工技术和管理运营已接近或达到了世界先进水平。

5）奶业法规和政策体系日趋完善　2008年以来，国务院及有关部门先后颁布实施了《乳品质量安全监督管理条例》《乳制品工业产业政策》《奶业整顿和振兴规划纲要》《关于进一步加强婴幼儿配方乳粉质量安全工作的意见》《推动婴幼儿配方乳粉企业兼并重组工作方案》等20余项规章制度，公布了66项乳品质量安全标准，出台了促进奶牛标准化规模化养殖、奶牛政策性保险、振兴奶业苜蓿发展行动、乳品企业技术改造、婴幼儿配方奶粉质量安全追溯等重大政策，初步构建起覆盖全产业链的政策法规体系。

2. 奶牛产业标准化发展趋势　标准化规模化养殖是现代畜牧业发展的方向，它促进了传统的农户从分散养殖向家庭适度规模养殖转变，规模化养殖场向标准化规模化养殖场转变，农民专业合作社向股份制公司、集团公司化转变。

我国的畜牧业发展已经进入了一个新的时期，畜牧业标准化生产是我国目前和今后的发展趋势，实现奶牛的标准化生产需要依靠科学化养殖技术、现代养殖理念。目前，我国的奶业发展已经由单纯的数量增加向提高质量和效益转变。奶牛的养殖模式从传统养殖到现代科学养殖方向发展。全面系统地推进养殖业向现代化、自动化发展，不断提升生产水平，为优化产品结构、适应消费市场的多样性、特色性、安全性奠定了良好的基础。

国家重视，行业有基础，市场有潜力。从国家层面看，党中央、国务院高度重视奶业振兴，明确奶业是健康中国、强壮民族不可或缺的产业，是食品安全的代表性产业，是农业现代化的标志性产业和一二三产业协调发展的战略性产业，为奶业发展指明方向。从行业发展看，奶业是畜牧业和食品工业现代化程度最高的产业之一，而目前奶业产值只占畜牧业总产值的 8% 左右，随着畜牧业结构调整、优质草畜产业发展加快，奶业还有很大的发展空间。从消费增长看，我国拥有 14 亿多的人口，目前人均乳制品年消费量才 30 多千克；随着奶业宣传的持续开展，人们对牛奶营养的认知进一步加深，特别是新冠疫情期间有多位重量级专家为奶类营养和免疫功能背书，奶类消费将进一步增加。如果我们年人均消费达到日本、韩国的消费水平（70~80 千克），乳制品的消费就会增加 1 倍多；同时，随着乳制品消费结构的调整，由喝奶变为吃奶酪，乳制品消费量也会加快增长。此外，标准化生产出的乳制品质量更好，消费群体更多，亦可带来更高的效益。所以奶牛产业发展空间非常大，也具有很好的经济效益。

（三）奶牛标准化规模化养殖存在的问题及解决方案

1. 奶牛标准化规模化养殖存在的问题

1）良种化程度较低，奶牛繁育技术仍需优化　奶牛良种覆盖率低是我国当前奶牛业发展存在的主要问题，良种比例只占50%左右，而发达国家奶牛良种覆盖率接近100%。奶牛良种化程度较低，成年牛平均单产较低仍是多数奶牛养殖场（户）投入高、产出低的一个关键原因。

2）繁育技术水平低，奶牛繁育技术仍需进一步优化 奶牛性控冻精已经成为当前增加奶牛数量，提高奶牛品质的有效办法。使用奶牛性控冻精对发情母牛进行配种，母犊率达到90%以上，但利用性控冻精妊娠率在50%左右，因此利用科学技术提高性控冻精的妊娠率是目前奶牛场急需解决的难题。

3）奶牛单产低，奶品质需提升 国内绝大多数的奶牛养殖场，奶牛平均单产7.6吨/年，而美国的奶牛单产已达到9.5吨/年，主要原因是我国良种奶牛覆盖率低、粗饲料品质差、饲料利用效率低。我国奶牛饲料转化成牛奶的效率约为1.3，而美国等奶业发达国家已达到1.5。由于苜蓿干草等优质粗饲料的缺乏以及饲养管理技术不完善，导致我国原料奶的乳蛋白率偏低，体细胞数高，部分奶牛场夏季的乳蛋白率甚至低于2.95%。

4）牛场疾病快速诊断技术以及疫苗的开发 据调研发现，目前开发出的奶牛疾病快速诊断试剂盒很多，但在奶牛场实际生产中应用不多；同时，大部分奶牛场没有实验室，奶牛场的技术人员水平也有待提高，所以急需建立动物疫病简单、快速、准确的诊断方法，比如试纸条、凝集实验等简单可行的方法。在口蹄疫、结核病、布鲁菌病的防控方面，国家投入了较多的经费，正在组织研发攻关并采取严格的防控措施，已取得了一定的成效。然而，我国对病毒性腹泻、传染性鼻炎、气管炎等病毒病的研发投入较少，相关传染病的发病率很高。奶业发达国家用于防控上述传染病的疫苗有100多种，其疫病的发病率很低，最大限度地发挥了良种奶牛在奶业发展中的重要作用。因此，研发用于病毒性腹泻、传染性鼻炎、气管炎等病防控的高效价低的快速检测方法及预防手段，是发展奶牛标准化规模养殖过程中需要科技攻关的重大难题。

5）粪污处理 目前养殖场污水来源主要为尿、冲洗水和部分粪便，属高浓度有机污水。这种污水含有大量的氮、磷和肠道大肠杆菌群等，如果未经处理直接排出就会污染自然水体。目前的污水处理方法或者需要大容量的贮液池，或者处理效果不达标，排放仍有污染。而且，粪污处理设施设备需较大的资金投入。另外，我国北方地区气候寒冷，制作沼气技术还不成熟，不能全面普及。同时制作有机肥也需专业的技术和设施设备，仅凭一家奶牛场也难以实现，需有专业化的公司和产业化的运作才能加以解决。

2. 奶牛标准化规模化养殖存在问题的解决方案

1）继续加大标准化规模化及奶牛养殖场的政策扶持力度 在现有规模化养殖政策基础上，逐步增加支持力度，扩大覆盖面，推进规模化养殖场按照"六化"标准建设，迅速提高标准化规模化养殖比重。同时要重点解决贷款难和用地难的问题，这是制约标准化规模化养殖发展的主要瓶颈，应出台政策鼓励银行等金融机构创新金融品种，支持发展标准化规模化奶牛养殖场，创新利益链接模式，确保实现双赢。进一步明确规模化奶牛养殖场用地政策，优先解决标准化规模化奶牛养殖场的养殖用地问题。国家应扶植和鼓励奶牛场建立配套的粗饲料种植基地，可以通过拥有土地产权或租赁等方式，走种养结合的道路，既可以消化奶牛场的粪污，又可保证粗饲料，如青贮玉米的数量和质量，有利于实现种养结合的长期良性循环。另外，政府应给予一定资金扶持，使各地建立针对中小奶牛养殖企业进行技术服务的技术服务联盟或组织，组织专家深入基层针对具体问题开展服务，促进奶牛标准化规模化养殖的发展。

2）大力推广优质牧草种植和青贮技术，科学饲养推进规模化进程 "全株青贮玉米＋优质苜蓿干草"的粗饲料供应模式，是我国发展高产、优质、高效、标准化奶牛业的必然选择。优质粗饲料供应不足，且结构单一，是我国奶业发展不可回避的一个现实问题。当前形势下，抓住"粮改饲"的时机，集中整合土地资源，增加饲草料地的供给，大力种植优质的全株青贮玉米，开展高产苜蓿优质示范片区建设，尽快实现牧草的机械化、规模化生产和加工，对促进奶牛饲料结构的调整具有重要意义。此外，政府应出台优惠政策鼓励种植优质高产牧草，如杂交构树、饲料桑、巨菌草、食叶草等，改善饲料品种结构，提高我国饲草料的保障能力，促进粗饲料的多元化利用和发展。

3）探索奶业产业链互相链接的新模式 目前我国奶业发展形势严峻，其主要根源是奶业产业链、利益链接机制还不够健全，产业整体竞争力薄弱。受饲草饲料涨价因素的影响，奶牛养殖成本持续升高，而生鲜乳收购价格上涨幅度远低于饲料价格上涨幅度，造成目前奶牛养殖处于微利或亏本状态，同样导致乳品加工企业处于内忧外患的状态。奶牛养殖成本不断升高，生鲜乳收购价格难以下调，加之其他原辅料的涨价，导致乳制品生产加工成本不断上涨。相比国外进口奶粉的价格，国产奶粉价格处于竞争劣势，同时由于受乳制品安全事件的影响，国人对国产奶粉消费信心不足，乳品加工企业产品销售不畅，利润空间缩小（一部分企业甚至亏损），资金回笼慢，直接影响到奶牛的养殖效益，也在很大程度上影响了标准化规模化养殖的健康发展。

结合标准化养殖场建设，针对上述情况：一是可以对乳品加工企业实行季节性奶粉生产财政补偿政策。每年从5月到8月，对按照合同收购奶农生鲜乳加工奶粉的企业，按照奶粉的生产量，每吨给予适当的政策补贴，保证奶牛养殖产业链的有序发展。二是可以借鉴美国、澳大利亚和欧盟国家奶业发展成功的经验，采取订单或配额模式，保证生鲜乳的供给平衡，实现奶农、加工企业利益合理分配。三是继续加大对生鲜乳收购价格的控制，建立由政府物价管理部分、加工企业、奶农以及地方河南省奶业协会四方参与的生鲜乳价格协调机制，确定地区性生鲜乳交易参考价格，实现公平交易，保障奶农利益。四是出台相关政策，引导乳品加工企业自建奶源基地，尝试探索奶牛养殖企业入股的新的产业模式，形成风险共担机制，使生鲜乳生产者和生鲜乳加工者由目前的利益博弈、责任分离关系变为利益共享、风险共担关系。严格执行以质论价，利用市场"价格"规律，逐步使奶牛散养户转型或淡出奶牛养殖业，从而加快奶牛养殖由分散养殖向标准化规模化养殖发展进程，提升奶业整体发展水平。

二、奶牛的生物学特征

我国的奶牛主要以中国荷斯坦牛（黑白花奶牛）为主，该品种适应性强、分布范围广、产奶量高、耐粗饲。奶牛是一种耐寒不耐热的家畜，对饲养管理要求较高。了解奶牛的生物学特性，可以辨别奶牛在人工饲料管理条件下的正常行为、异常行为和疾病行为，通过改善饲养管理方法、防病治病措施，可以更好地发挥奶牛的生产性能。

（一）奶牛特点及生理生化指标

1. 奶牛的一般习性

1）合群性　奶牛是群居的动物，单独离群后会产生应激反应。多头母牛在一起组成一个牛群时，开始有相互顶撞的现象，一般年龄大、胸围和肩峰高大者占统治地位；待统治地位和群居等级确立后就会合群，相安无事。

2）好静性　奶牛好静，不喜欢嘈杂的环境，断断续续的和奇怪的噪声对奶牛刺激特别大。强烈的噪声会使奶牛产生应激反应，产乳量下降，或出现低酸度酒精阳性乳。播放轻音乐会使奶牛感到舒适，有利于泌乳性能的发挥。为了提高奶牛的生产性能，牛场建造时需要考虑噪声的影响。

3）温驯性　母牛一般比较温驯，靠在一起也不会相互争斗，高产母牛特别明显。

4）摄食行为　牛用舌采食，将草料卷入口中，然后匆匆嚼碎，吞咽入胃。牛喜食带甜咸味的饲料。

5）反刍行为　牛采食一般都比较匆忙，特别是粗饲料，大都未经充分咀嚼就吞咽进入瘤胃，经过瘤胃液浸泡和软化一段时间后，饲料经逆呕重新回到口腔，经过再咀嚼，再次混入唾液后进入瘤胃，这一过程称为反刍。反刍是反刍动物消化过程中特殊的生理过程。牛反刍行为的建立与瘤胃的发育有关，一般约在 3 周龄以后出现反刍。牛反刍频率和反刍时间受年龄和牧草质量的影响。牛采食以后反刍正常，鼻镜有汗，说明牛健康。如果采食后不反刍，鼻镜干燥发热，往往是有病的征兆，应及时请兽医诊治。

6）排泄行为 牛的排泄多采用站立姿势，很少在躺卧时排泄粪尿。牛 1 天一般排尿约 9 次、排粪 12 ~ 18 次。牛排泄的次数和排泄量随采食饲料的性质和数量、环境温度以及牛个体不同而异。健康牛的粪便像叠饼状，不干不稀，表面有光泽，尿液为青白色。

7）护犊行为 牛母性强，怀孕后性情表现安静，行动缓慢，不发生角斗。牛犊出生时，母牛会舐食其被毛。犊牛出生后，母牛即表现出强烈的护犊行为，等待犊牛站立哺乳。在哺乳期间，母牛对犊牛的依恋性强，具有强烈的保护和占有观念，拒绝其他牛或人接近犊牛。

8）攻击行为 公牛争斗性较强，母牛一般比较温驯，也有的母牛在牛群中争强好斗，在采食、饮水时以强欺弱。

9）联络行为 母子之间的信息联系是母性行为性状中的一个重要组成部分，母牛主要通过舐舐、嗅闻及声音等行为建立母子关系。

2. 生理指标

1）血液生化指标 牛的血液成分受性别、饲养条件、温度、湿度、光照强度和海拔高度等生态条件影响。血液组成与动物机体的新陈代谢密切相关。初生犊牛机体内氧化还原反应比成年牛强，但随着年龄的增长，血液中的白细胞、红细胞以及血红蛋白含量降低，其原因主要与机体的代谢速度减慢有关。中国荷斯坦牛的常见血液生理指标见表 2-1。

表2-1 中国荷斯坦牛的常见血液生理指标

指标	初生	6 月龄	12 月龄	24 月龄	成年母牛
血重占活重（%）	10.3	7.7	8.0	7.3	8.2
红细胞（10^{12}／升）	9.24	7.63	7.43	7.37	7.72
白细胞（10^9／升）	7.51	7.61	7.92	7.35	6.42
血红蛋白含量（克／升）	114	124	118	112	110

2）体温 正常体温为 38~39.2℃。犊牛、兴奋状态的牛或暴露在高温环境的牛

体温可达 39.5℃ 或更高，若超出这个范围均视为异常。

3）脉搏　成年母牛的正常脉搏为 60~80 次 / 分，犊牛为 72~100 次 / 分。多种环境因素和牛的状态（运动、采食等）均可影响脉搏。

4）呼吸频率　成年母牛安静时的正常呼吸频率为 18~28 次 / 分，犊牛安静时的正常呼吸频率为 20~40 次 / 分。正常呼吸次数、深度受多种环境因素（气温等）和牛的状态（运动等）影响。

5）消化系统生理指标　健康牛瘤胃蠕动频率为 1~3 次 / 分，瘤胃内容物 pH 5.5~7.5，一般为 6.0~6.8，较理想范围为 6.8~7.2。每昼夜反刍 8~10 个周期，每次 40~50 分，每天反刍 6~8 小时，正常每口咀嚼 50~70 次，每小时嗳气 17~20 次。

（二）奶牛的消化特征

1. 消化道特点

1）口腔　普通成年牛有牙齿 32 枚，其中门齿 8 枚，上下臼齿 24 枚；犊牛有 20 枚，其中乳门齿 8 枚，上下臼齿 12 枚（无后臼齿）。牛无上切齿，功能被坚韧的齿板所代替。牛舌长而灵活，可将草料送入口中；舌尖端有大量坚硬的角质化乳头，这些乳头有收集细小食物颗粒的作用；舌可以配合切齿和齿板的咬合动作摄取食物。

2）胃　牛具有庞大的复胃或称四室胃，其中前 3 个胃为食管变异，合称为前胃，即瘤胃（草肚）、网胃（蜂巢胃、麻肚）、瓣胃（重瓣胃、百叶），最后一个是皱胃（真胃）。皱胃是可以分泌胃液的、真正意义上的胃。

牛消化系统的结构和生理功能与单胃动物相比有很大差别，瘤胃虽然不能分泌消化液，但其中有大量的多种微生物生存，对各种饲料的分解与营养物质的合成起着重要作用。牛胃的容积较大，一般成年奶牛的胃最大容量可达 250 升。胃总容量的 80% 左右是瘤胃，占据整个腹部左半侧和右侧下半部，是一个左右稍扁、前后伸长的大囊袋，能对食物进行物理消化和微生物消化，饲料中 70%~85% 的可消化物和 50% 粗纤维在瘤胃内消化。因此，牛具有较强的采食、消化、吸收和利用多种粗饲料的能力。

网胃位于瘤胃前侧，功能与瘤胃类似。瓣胃的作用则是对食糜进一步研磨，将稀软部分送入皱胃，吸收有机酸和水分，使进入皱胃的食糜便于消化。皱胃与单胃家畜的胃类似，有胃腺，能分泌盐酸和胃蛋白酶，可使食物得到初步消化。

2. 唾液 牛的唾液分泌量大。据研究,每日每头牛的唾液分泌量为100～200升。唾液的分泌量和各种成分含量与牛采食行为、饲料性状、水分含量和饲粮适口性等因素有关。

唾液分泌有助于消化饲料和形成食团。唾液中含有缓冲物质碳酸盐和磷酸盐及尿素等,对瘤胃内环境的维持和内源性氮的重新利用起着重要作用。同时,大量的唾液可使瘤胃内容物随瘤胃蠕动而翻转,使粗糙未嚼细的饲草料位于瘤胃上层,反刍时再返回口腔,嚼细的已充分发酵吸收水分的细碎饲草料沉于胃底,随着反刍运动向后面的瓣胃、皱胃转移。

3. 瘤胃微生物 瘤胃微生物种类繁多,主要包括细菌、原虫、真菌三大类,它们生长在严格的厌氧条件下。1克瘤胃内容物中,含150亿～250亿个细菌和60万～180万个纤毛虫,总体积约占瘤胃内容物的3.6%,其中细菌和纤毛虫约各占一半。瘤胃内大量生存的微生物随食糜进入皱胃后被胃酸杀死而解体,被消化液分解后,可为牛提供大量的优质单细胞蛋白质营养,因此我们可以把瘤胃看作是一个可连续接种和高效率的活体发酵罐。

4. 不同年龄牛的消化特点

1)犊牛的消化特点 犊牛在哺乳期内,其胃的生长发育经过了一个成熟过程。新出生的犊牛,皱胃容积相对较大,约占4个胃总容积的70%,瘤胃、网胃和瓣胃的容积都很小,并且它们的机能也不发达。犊牛出生20天内,瘤胃、网胃和瓣胃的发育不健全,没有任何消化功能。初生的犊牛,吮吸时反射性引起食管沟闭合,形成管状结构,从而使牛乳不是流入瘤胃,而是经过食管沟和瓣胃管直接进入皱胃。在一般情况下,哺乳期结束的犊牛食管沟反射逐渐消失,食管沟不再因发生吮吸动作而闭合。

2)青年母牛的消化特点 青年母牛的特点是各组织都在迅速增长,但早期胃的发育仍不够健全,不能完全依靠从青粗饲料中取得所需营养。因此,应以青粗饲料为主,适当补充一些精饲料,以满足其迅速发育的需要。

母牛到1岁左右,瘤胃与全胃容积之比已基本上接近成年母牛,消化器官已基本发育完善。检验牛消化器官发育状况,通常的方法是测量牛的腹围,腹围愈大,表示消化器官越发达,采食粗饲料能力也越强。

3)成年母牛的消化特点 成年母牛的瘤胃容积可达150~250升。牛采食的大量饲料先贮存在瘤胃内,休息时再反刍将食物送入口腔,经慢慢嚼碎后进行消化。

（三）奶牛的繁殖特点

1. 奶牛的生殖生理

1）母牛的生殖器官　母牛的生殖器官由卵巢、输卵管、子宫、阴道、生殖前庭和阴唇组成（图 2-1）。

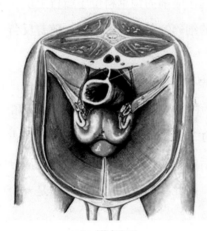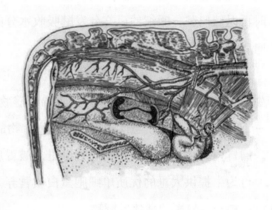

A. 横切面　　　　　　　　　　　　　　　　　B. 纵切面

图 2-1　母牛的生殖器官

（1）卵巢　奶牛卵巢（图 2-2）的功能是分泌激素和产生卵子。在发情周期，卵泡逐渐增大，发情前几天，卵泡显著增大，分泌雌激素增多。发情时通常只有 1 个卵泡破裂，释放卵子，在卵巢上形成黄体。黄体主要功能是分泌孕酮，维持妊娠。

图 2-2　奶牛卵巢

（2）输卵管　输卵管是卵子受精及受精卵进入子宫的管道，两条输卵管靠近卵巢的一端扩大呈漏斗状结构称为输卵管伞，输卵管伞部分包围着卵巢，特别是在排卵的时候，卵子排出后进入输卵管。卵子受精发生在输卵管的上半部，受精卵（即合子）继续留在输卵管内 3~4 天。输卵管另一端与子宫角的接合点充当阀门，通常只在发情时才让精子通过，并只允许受精后 3~4 天的受精卵进入子宫。

（3）子宫　奶牛的子宫由 1 个子宫体和 2 个子宫角组成（图 2-3）。子宫是精子向输卵管运行的通道，也是胚胎发育和胚盘附着的地点。子宫是肌肉发达的器官，能大大扩张以容纳生长的胎儿，分娩后不久又迅速恢复正常大小。

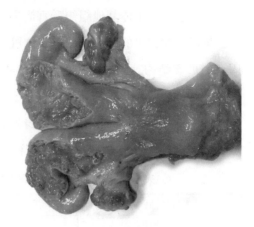

图2-3 奶牛子宫

（4）子宫颈 子宫颈是子宫与阴道之间的部分。通常情况下子宫颈收缩得很紧，处于关闭状态，只有在发情和分娩时，环绕子宫颈的肌肉才松弛，这种结构有助于保护子宫不受阴道内有害微生物的侵入。子宫颈黏膜里的细胞分泌黏液，在发情期间其活性最强，在妊娠期间，黏液形成栓塞，封锁子宫颈口，使子宫不与阴道相通，以防止胎儿脱出和有害微生物入侵子宫。

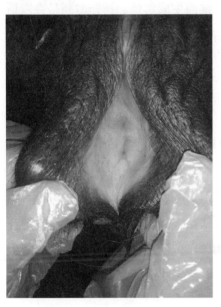

图2-4 奶牛阴门

（5）阴道 阴道把子宫颈和阴门连接起来，是自然交配时精液注入的地点。虽然阴道黏膜有自净作用，但仍会有低度的感染持续存在于阴道中，可能导致阴道炎。

（6）阴门 奶牛阴门（图2-4）位于阴道与母牛体表之间，包括前庭和尿道下憩室（阴道底上的一个盲囊）。

2. 奶牛的繁殖特点 奶牛是单胎动物，一般1年生1胎。普通牛的繁殖无明显的季节性，一年四季均可发情、排卵、配种和产犊。

1）性成熟与排卵

（1）性成熟与体成熟 母牛生长发育到一定年龄后，生殖器官已基本发育完全，开始产生具有受精能力的卵子，同时性腺能分泌激素促使母牛发情，这一时期即为母牛的初情期或性成熟期。

牛的性成熟年龄，受品种、营养、气候环境和饲养管理等因素影响。凡是阻碍牛生长的因素，都会延长母牛的初情期。小型品种、乳用品种及南方品种性成熟较早；大型品种及北方品种性成熟较迟。温暖的气候，营养丰富并且发育良好的牛性成熟也较早。母牛的体重是影响性成熟迟早的主要因素。一般母牛性成熟的年龄为8~12月龄。

性成熟时，牛体其他组织器官尚未发育完全，即未达到体成熟，所以不适宜配种。体成熟时，牛的骨骼、肌肉和内脏各器官已基本发育完成，而且具有了成年牛固有的形态结构。一般母牛的体成熟年龄为18~24月龄，其体重达到成年体重的65%~70%。可见，母牛的体成熟远迟于性成熟。在生产中，母牛只有达到体成熟后才能开始配种。过早会影响母牛本身发育，但也不应过迟，否则会减少母牛一生的产犊头数。不同品种青年母牛初次配种时的理想体重和年龄见表2-2。

表2-2   不同品种青年母牛初次配种时的理想体重和年龄

品种	体重（千克）	年龄（月）
荷斯坦牛	340	15~16
瑞士褐牛	340	15~16
娟姗牛	225	13~14

（2）排卵   母牛卵泡成熟后便自发性排卵，继而生成黄体。排卵时间是在发情开始后28~32小时或发情结束后10~12小时。右侧卵巢排卵数比左侧多；夜间，尤其是黎明前排卵数较白天多。

2）发情周期与繁殖年限

（1）发情与发情周期   发情是母牛发育到一定年龄时所表现的一种周期性的性活动现象，它主要受卵巢活动规律所制约。随着卵巢的每次排卵和黄体形成与退化，母牛整个机体，特别是生殖器官会发生一系列的变化。

出现初情期后，除母牛妊娠和产后一段时间（20~40天）外，正常母牛每隔一定时期便开始下一次发情，周而复始，循环往复。从这一次发情开始到下一次发情开始的间隔时间，叫作发情周期。普通母牛的发情周期平均为21天，其变化范围为19~24天，一般青年母牛比经产母牛要短。不同牛种的发情持续期、发情周期和产后发情时间见表2-3。

表2-3   不同牛种的发情持续期、发情周期和产后发情时间

牛种	发情持续期（小时）	发情周期（天）	产后第一次发情时间（天）
黄牛	30（17~45）	21（19~24）	58~83
奶牛	18（13~26）	21（20~24）	30~72
肉牛	16~18	21（20~24）	46~104
水牛	25~60	21（16~25）	42~147
牦牛	28~44	18~25	——

发情周期中，生殖道的变化和性欲的变化都与卵巢的变化有直接的关系。发情

周期通常可分为4个时期：发情前期、发情期、发情后期和休情期。

①发情前期是发情期的准备阶段。母牛卵巢中的黄体进一步萎缩，新的卵泡开始发育，雌激素分泌增加，生殖器官黏膜上皮细胞增生，纤毛数量增加，生殖腺体活动加强，分泌物增加，但还看不到阴道中有黏液排出，母牛尚无性欲表现。该期持续1~3天。

②发情期是指母牛从发情开始到发情结束的时期，又称为发情持续期。发情持续期因年龄、营养状况和季节变化等不同而有长短（6~36小时），一般为18小时。根据发情母牛外部征状和性欲表现的不同，又可分为3个时期。

A.发情初期。这时卵泡迅速发育，雌激素分泌量明显增多。母牛表现兴奋不安，经常哞叫，食欲减退，产奶量下降。在运动场上，常引起同群母牛尾随，尤其在清晨或傍晚，其他牛嗅发情牛的阴唇。当其他牛爬跨时，拒不接受。观察时，可见外阴部肿胀，阴道壁黏膜潮红，黏液量分泌不多，稀薄，牵缕性差，子宫颈口开张。

B.发情盛期。当其他牛爬跨（图2-5）时，母牛表现接受爬跨而站立不动，两后肢开张，举尾弓背，频频排尿。拴系母牛表现两耳竖立，不时转动倾听，眼光锐敏，人手触摸尾根时无抗力表现。从阴门流出具有牵缕性的黏液，俗称"挂线"或"吊线"，往往粘于尾根或臀端周围被

图2-5 奶牛爬跨

毛处，因此，尾上或阴门附近常有分泌物的结痂。阴道检查时可发现黏液量增多，稀薄透明，子宫颈口红润开张。此时卵泡突出于卵巢表面，直径约1厘米，触之波动性差。

C.发情末期。母牛性欲逐渐减退，不接受其他牛爬跨。阴道黏液量减少，黏液呈半透明状，混杂一些乳白色，黏性稍差。直肠检查卵泡直径增大到1厘米以上，触之波动感明显。

③发情后期。母牛无发情表现。排卵后卵巢内形成黄体，并且开始分泌孕酮。

多数青年母牛和部分成年母牛从阴道流出少量血液。该期持续时间为3~4天。

④休情期，又叫间情期。该期黄体逐渐发育继而转为退化，孕酮分泌量逐渐增加又转为缓慢下降。休情期的长短，常常决定了发情周期的长短，持续时间为12~15天。

（2）产后发情　指母牛产犊后，经过一定的生理恢复期（产后生理恢复包括卵巢功能、子宫形态和功能以及内分泌功能等的恢复），又会出现发情。产后的一段时间，由于卵巢黄体退化迟，促性腺激素分泌较少，卵巢上卵泡不能充分发育。荷斯坦牛产后第一次排卵时间平均在产后16.5天，但没有发情征状。大多数牛在分娩30天后可以观察到明显的发情征状。

（3）繁殖年限　牛的繁殖能力有一定的年限，繁殖能力消失的时期，称为繁殖能力停止期。繁殖年限的长短因品种、饲养管理、环境条件以及健康状况等不同而有差异。奶牛的繁殖年限在4～5个泌乳期。一般超过繁殖年限，公、母牛繁殖能力大大降低，应及时淘汰。

3）妊娠与分娩

（1）妊娠　是母牛的特殊生理状态。妊娠期的长短，依品种、年龄、季节、饲养管理、胎儿性别等因素不同而有所差异。一般早熟品种牛的妊娠期短，奶牛比肉牛短，黄牛比水牛短，怀母犊比怀公犊短1～2天，青年母牛比成年母牛短1～3天，怀双胎比怀单胎短3～7天，冬春季分娩母牛比夏秋季分娩长2~3天，饲养管理条件差的母牛妊娠期长。不同种或品种母牛的妊娠期见表2-4。

表2-4　不同种或品种母牛的妊娠期（天）

品种	平均妊娠期（范围）
荷斯坦牛	278（275~282）
西门塔尔牛	278.4（256~308）
娟姗牛	279（277~280）
水牛	310（300~320）

（2）分娩　随着胎儿发育成熟，到临产前，母牛在生理上发生一系列变化，以适应排出胎儿和哺乳的需要。根据这些变化，可以估计分娩时间。

妊娠期推算公式：

平均妊娠期约为280天。预产期的推算可以参考减3加6，即月份减3，日期加6。月份不够减加12再减，日期加6后超过30再减，月份加1。

例一：2010年8月20日人工授精，其预产期为8-3=5（月），20+6=26（日），即2011年5月26日为预产期。

例二：2011年1月30日人工授精，其预产期推算如下：1+12-3=10（月），30+6-30=6（日）（超过1个月的日数可按产犊月下一个月的日数减去），把这个月加上，即10+1=11（月），其实际预产期为2011年11月6日。

3. 繁殖行为 奶牛的发情周期通常为20～24天，妊娠期为280～285天。母牛产后通常在30天以后出现第一次发情。妊娠期的长短，依品种、个体、年龄、季节及饲养管理条件的不同而异。母牛妊娠后，性情一般变得温驯，行动迟缓；外阴部比较干燥，阴部收缩，皱纹明显，横纹增多。

标准化奶牛场繁殖目标评估见表2-5。

表2-5　标准化奶牛场繁殖目标评估

项目	目标
产犊间隔	365~380 天
产后第一次观察到发情的平均天数	少于 40 天
产后 60 天母牛发情率	大于 90%
第一次配种时的平均空怀天数	50~60 天
受胎时的平均空怀天数	85~100 天
配种次数 / 受胎次数	1.5~1.7
青年母牛第一次配种受胎率	65%~70%
成年母牛第一次配种受胎率	55%~60%
处于 18~24 天配种间隔的母牛	大于 85%
空怀天数大于 120 天的母牛	低于 10%
干奶期长度	45~60 天
初产平均月龄	24 个月
第一次配种平均月龄	15 个月
低于或等于 3 次配种怀孕的母牛	90%
怀孕母牛的妊检率	80%~85%
流产率	低于 5%
因繁殖问题产生的淘汰率	低于 10%

（四）奶牛的生长发育特点

1. 奶牛生长发育特点

1）犊牛时期　犊牛指出生至6个月龄的牛只。这个时期的牛只又可分为断奶前和断奶后两个时期。犊牛出生后1~2小时内应让其吃上初乳，喂量不能少于4千克。及早补饲精粗饲料，以利消化器官发育。初生犊牛瘤胃容积只有1.1升，5日龄内对植物性饲料消化力很低。出生后第四周瘤胃胃壁乳头发育很快，适量饲喂青草有利于瘤胃发育。3月龄的犊牛消化道分泌消化酶的能力增强很快，瘤胃容积增大，能够消化大量植物性饲料，该阶段应饲喂大量青粗饲料，既能促进前胃发育，又能增强胰腺分泌功能。若仅喂牛乳，会造成瘤胃发育不全，同时也提高了饲养成本。一般从3月龄左右开始以人工乳代替牛乳（按每日增加1.5千克人工乳逐步更换），并补充足量饲草。在犊牛生长发育最迅速的阶段给予充分营养，发挥其增重效果。

2）育成牛时期　育成牛指7~15月龄的牛只。7~12月龄是乳腺形成的关键期，13~15月龄是瘤胃快速发育阶段。

（1）体型发育较快　育成阶段牛的头、腿、骨骼、肌肉等生长迅速，体型发生巨大变化。但不同的年龄，生长发育速度也不相同。6月龄以内的育成牛增长速度在各个指标方面相对较快，随着月龄的增长，体组织的增长呈缓慢增长的趋势。

（2）瘤胃发育较快　初生犊牛瘤胃容积只有1.1升，6月龄时瘤胃容积为37.7升，12月龄时达到69.8升，18月龄时188.7升，这意味着瘤胃的消化、吸收能力急剧增长。

3）青年牛时期　青年牛指16月龄直至分娩的牛只。该阶段为成长期，饲喂日粮以中等质量的粗饲料为主。

2. 育成牛发育指标　以荷斯坦牛为例，荷斯坦牛不同月龄的发育指标见表2-6。

表2-6　荷斯坦牛不同月龄的发育指标

月龄	体重（千克）	肩胛高（厘米）	臀高（厘米）	体长（厘米）	体况评分
0	42	76.2	80.3	81.3	2.0
1	63	81.3	85.6	86.4	2.1
2	84	86.4	90.9	94.0	2.1
3	110	92.7	97.5	99.1	2.2
4	135	99.1	104.4	104.1	2.3
5	161	101.6	106.9	109.2	2.3

月龄	体重（千克）	肩胛高（厘米）	臀高（厘米）	体长（厘米）	体况评分
6	186	105.4	111.0	116.8	2.4
9	263	114.3	120.4	132.1	2.6
12	339	119.4	125.7	142.2	2.8
14	390	124.5	131.1	149.9	2.9
18	492	132.1	139.2	162.6	3.1
24	646	142.2	149.9	172.7	3.5

3. 奶牛体型测定

1）体斜长　从肱骨前突起的最前点（即肩关节的前端）到坐骨结节之间的距离（图2-6中L）。用测杖或硬尺测量。

2）胸围　肩胛骨后缘处作一垂线，用卷尺沿肩胛骨后缘绕牛一周测之，其松紧度以能插入食指和中指上下滑动为准（图2-6中D）。

图2-6　奶牛体型测定

3）鬐甲高（又称体高）　自鬐甲最高点垂直到地面的高度。用测杖测量（图2-6中H）。

三、奶牛场环境控制与设计

（一）奶牛场的环境要求

奶牛场建设的宗旨是保障牛只的健康和生产的正常进行，与周边环境的和谐相处，保护自然环境。

1. 场址的选择

1）地势、地形　牛舍宜修建在地势干燥，背风向阳，四周开阔，空气流通，土质坚实（以沙壤土为好），地下水位低（2米以下），具有缓坡的北高南低，环境无污染的平坦地方。南方的特点主要是夏季高温、高湿，因此，首先应考虑防暑降温，而在北方部分地区又要注意冬季的防寒保温。场内的地面要平坦略有坡度，以便排水，防止积水和泥泞。地面相对坡度以 1%~3% 较为理想，最大相对坡度不得超过25%，场区面积可根据饲养规模、管理方式、饲料贮存和加工等方面确定，见表3-1。

表3-1　牛场生产区占地面积

总头数	成年奶牛（头）	后备牛（头）	占地面积（公顷）
700	385	315	4.11
400	220	180	2.35
200	122	78	1.33
100	55	45	0.67
50	27	23	0.33

2）土质、水源

（1）土质　对奶牛饲养管理的好坏有很大关系，适合建场地的土质是沙壤土，这类土壤由于沙粒和黏粒的比例适合，兼具两者的优点，既有一定数量的大孔隙，又有多量的毛细管孔隙。透气性、透水性良好，持水性小，雨后不会泥泞，易于保持适当的干燥度。

（2）水源　奶牛场生产过程中，牛的饮用、饲料调拌、牛奶冷却贮存、用具洗刷都需要大量的水，因此，拟建的牛场必须有一个可靠的水源，要求水量充足、水质良好，没有污染源，取用方便。一般水源有 3 种，即地表水、地下水和自来水，地下水和自来水较为安全。

3）饲料、饲草来源　建场时要充分考虑饲草、饲料来源，因为牛每天都要进食大量的饲料、饲草，饲草饲料来源应该丰富、方便、种类多、品质好。

4）交通运输、防疫与环保　牛场每天都有大量的牛奶、饲料、粪便进出。因此，牛场的位置应选择在距离饲料生产基地和放牧地较近、交通便利的地方。但又不能太靠近交通要道与工厂、住宅区，以利防疫和环境卫生。一般牛场距交通主干道要求在 300 米以上，距村庄、居民点 500 米以上。新建场址距铁路、高速公路、交通干线不少于 1 000 米，距一般道路不少于 500 米，距其他畜牧场、兽医机构、肉类屠宰加工厂、居民区不少于 1 500 米。同时，牛场应位于居民区及公共建筑群常年主导风向的下风向，以防牛舍有害气体和污水等对居民的侵害。新建场址周围还必须具备就地无害化处理粪尿、污水的足够场地和排污设施，并要通过环境影响评价。

5）电力设施　现代化牛场机械挤奶、牛奶冷却、饲料加工、饲喂以及清粪等都需要用电，因此，牛场要设在供电方便的地方。

场址选定后，应依照既方便生产，利于生活，便于场内交通，保持场区环境卫生和小气候改善，又利于卫生防疫等原则，对新建牛场进行整体规划和建筑物的合理布局。

2. 厂区绿化　绿化可影响奶牛场的小气候，主要是温度、湿度、风速和光照等。这些因素直接影响着奶牛的体温调节、能量代谢和物质代谢，进而影响其生产性能的发挥。当这些因素超出了奶牛需要的适宜范围时，就会引起奶牛产奶量下降，或者发生各种疾病（如日射病、热射病、感冒、局部冻伤等），甚至出现死亡。树木花草具有遮阴、降温、调节湿度、清新空气、防风防尘的重要作用。但要注意防虫和消毒，防治鸟类传播疾病。

绿化应进行统一的规划和布局。可根据当地实际种植能美化环境、净化空气的树种和花草，不宜种植有毒、有刺、飞絮的植物。牛场的绿化必须根据当地自然条件，因地制宜。

1）场区林带的规划　在场界周边种植乔木和灌木混合林带。

2）场区隔离带的设置　主要用以分隔场内各区，如生产区、生活区及管理区的四周，都应设置隔离林带，一般可用杨树、榆树等，其两侧种灌木，以起到隔离作用。

3）道路绿化　在场内外的道路两旁，一般种 1～2 行树，形成绿化带。

4）运动场遮阳林　在运动场的南、东、西三侧，应设 1～2 行遮阳林。一般可选择枝叶开阔、生长势强、冬季落叶后枝条稀少的树种，如杨树、槐树等。

3.厂区粪污处理　养牛业生产规模化、标准化的迅速发展，一方面为市场提供了大量优质的奶产品，另一方面奶牛场也产生大量的粪、尿、污水、废弃物等。牛粪是良好的有机肥，有助于改善土壤团粒结构，提高作物产量。但种植业的间断性需求和牛粪的持续性产生不能有效链接，如果牛粪尿及其他废弃物堆积处理不当，就会造成环境污染。

1）牛场主要污染物

（1）牛排泄物　牛个体粪便排泄量在各种家畜中最多，每日采食量（DMI）与牛的粪尿排泄量呈正相关，一般 DMI 每增加 1 千克，牛粪尿排泄量增加 3 千克（见表3-2）。日粮结构也极大影响着排泄量，如日粮粗饲料中增加玉米青贮比例，会减少尿液排泄，导致粪尿排泄量减少。

表3-2　牛每1 000 千克体重每天排泄物产量和特性

参数	奶牛	肉牛	小牛
排泄总量（千克）	86 ± 17	58 ± 17	62 ± 24
尿（千克）	26 ± 4.3	18 ± 4.2	*
密度（千克 / 米^3）	990 ± 63	1 000 ± 75	1 000
固体物总量（千克）	12 ± 2.7	8.5 ± 2.6	5.2 ± 2.1
挥发性固体物（千克）	10 ± 0.79	7.2 ± 0.57	2.3
生化需氧量（千克）	1.6 ± 0.48	1.6 ± 0.75	1.7
化学需氧量（千克）	11 ± 2.4	7.8 ± 2.7	5.3
总氮含量（千克）	0.45 ± 0.096	034 ± 0.073	0.27 ± 0.045
总磷含量（千克）	0.094 ± 0.024	0.092 ± 0.027	0.066 ± 0.011

（2）废水　在牛养殖过程中，除饮用水之外，还需要相当数量的水来清洁地面、冲洗挤奶设备和盛奶容器等，这部分用水最终将作为废水排放和处理，见表3-3。牛场废水主要是尿液、冲洗水、防暑降温用水以及生活废水等。废水水质及生产量与养殖种类、品种、牛舍结构、清粪方式、生产水平及生产管理等有关。

表3-3　挤奶厅污水生产量

挤奶牛数（头）	每头牛污水生产量（升/天）
0 ~ 50	18.9 ~ 30.3
50 ~ 100	15.1 ~ 22.7
≥ 150	7.6 ~ 15.1

2）污染物的控制途径与方法

（1）清粪　规模牛场目前的清粪工艺主要有两种：水冲式和干清粪。水冲式清粪工艺，工艺耗水量大，排出的污水与粪尿混合在一起，不仅固液分离后的粪渣肥效大大降低，而且需要配套污水处理系统、水位提升装置，还需要合适的牛舍坡度、输送粪污用的泵和管路等，污水处理部分基建投资及动力消耗较高。干清粪工艺中，粪便一经产生便分流，干粪由机械或人工收集，残余的粪便只用少量水冲洗即可。该工艺可保持牛舍清洁，无臭味，且产生的污水量少、浓度低，易于后续净化处理，是一种比较理想的清粪工艺。

（2）减少饲料浪费与代谢物排泄　提高饲料利用率，尤其是提高饲料中氮、磷的利用率，降低粪尿中氮、磷的排泄，是消除牛场环境污染的"治本"之举。为此，应采取营养调控措施，最大限度地提高饲料利用率，减少排泄量。例如，在高产奶牛日粮中使用过瘤胃氨基酸，可降低饲料粗蛋白质水平，减少粪尿中氮对环境的污染；使用微生态制剂和非淀粉多糖降解酶，可减少随粪便排出体外的 NH_3、H_2S 等有害气体，改善舍内空气质量等。

3）牛场废弃物的处理与再利用

（1）固液分离与工艺　通过固液分离去除粪浆中的固体物，可降低粪污中的固形物浓度，提高生物处理的效率，还可减少臭气。固液分离工艺主要有重力分离和机械分离。

（2）堆积发酵生产肥料　是在微生物作用下使有机物矿物化、腐殖化和无害化而变成腐熟肥料的过程。在微生物分解有机质的过程中，不但生成大量可被植物吸收的有效态氮、磷、钾化合物，而且又合成新的高分子化合物——腐殖质。同时，粪便固体物经堆积发酵后，更加容易处理，更便于在田间施用，且产生的臭气显著少于原料固体物。堆积发酵生产的肥料称为堆肥（图3-1）。堆肥可广泛应用于农作物种植、城市绿化及家庭花卉种植等。

图 3-1　堆肥

（3）生产沼气　将牛场粪尿进行厌氧生物处理，不仅可以净化环境，而且可以获得生物能源沼气，同时通过发酵后的沼渣、沼液把种植业、养殖业有机结合起来，形成一个种养结合的生态系统。此类牛场必须严格实行清洁生产，干湿分离，牛粪经过无害化处理后用于生产有机肥；冲洗的污水和尿液经预处理后，进入厌氧生物处理，而后必须再经过适当的好氧处理，达到规定的环保标准排放或回用，但这种模式工程造价和运行费用较高。生产沼气见图 3-2。

（4）人工湿地处理　几乎任何一种水生（或耐淹）植物都适合于人工湿地系统，常见的有芦苇、香蒲属和草属。某些植物，如香蒲和芦苇的空心茎还能将空气输送到根部，为需氧微生物活动提供氧气。

图 3-2　生产沼气

人工湿地处理也可与鱼塘结合，提高污物净化效果（图 3-3）。即人工湿地上种有多种水生植物（如水葫芦、细绿萍等），水生植物根系吸附的微生物以污水中的有机物质为食物而生存，它们排泄物又成为水生植物的养料，水生动物、水生植物和菌藻再作为鱼的饵料。通过微生物、水生植物及鱼的互利共生作用，使污水得以净化。据报道，高浓度有机粪水在水葫芦池中经 7～8 天吸收净化，有机物质可

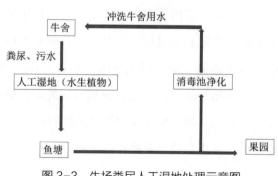

图 3-3　牛场粪尿人工湿地处理示意图

降低 82.2%，有效态氮可降低 52.4%，速效磷可降低 51.3%。

（二）奶牛场设计

1. 牛舍的设计

1）牛舍类型　牛舍类型根据封闭程度分为开放式牛舍、半开放式牛舍、有窗式牛舍及封闭式牛舍等 4 种。

（1）开放式牛舍　指北、东、西四面无墙的牛舍，也称为凉棚或敞棚式牛舍。这种牛舍只能起到遮阳、避雨及部分挡风的作用，多适于炎热及温暖地区。

（2）半开放式牛舍　指三面有墙，南面敞开或有半截墙体的牛舍。冬季北风较大的地区也可在北面或北、东、西三面装活动板墙或其他挡风装置，或东、西两面用墙，北面用活动板墙，防止寒风侵袭。夏季可将挡风装置撤除，便于通风。较冷的地区或寒冷季节较长的地区也可在北面及两侧设计门窗，冬季关上，夏季打开。

（3）有窗式牛舍　指通过墙体、窗户、屋顶等围护结构形成的全封闭状态牛舍。这种牛舍具有较好的保温隔热能力，但不利于防暑。

（4）封闭式牛舍　也称为无窗牛舍。这种牛舍内温度、湿度、气流、光照等环境因子多采用人工调控。此种牛舍可克服季节的影响，提高牛的生产力，但对建筑物和附属设备的要求较高，造价也高。

2）屋顶形式　在牛舍建筑中常用的屋顶形式有钟楼式、半钟楼式、双坡式等 3 种（图 3-4）。

钟楼式　　　　　　半钟楼式　　　　　　双坡式

图 3-4　奶牛舍几种建筑屋顶形式

（1）钟楼式　适合于南方地区，通风良好，但构造比较复杂，耗料多，造价高。

（2）半钟楼式　通风较好，但夏天牛舍北侧较热，构造也复杂。

（3）双坡式　加大门窗面积可增强通风换气，冬季关闭门窗有利保温。牛舍造价低，易施工，适用性强，可利用面积大。

2. 牛场的建筑设计

1）牛舍建筑的基本要求

（1）地面　是牛舍建筑的主要结构，也是奶牛活动的主要场所。地面要坚实、平坦、有弹性、不硬、不透水、不滑，易于清扫与消毒。

（2）墙　墙是牛舍与外部空间隔开的围护结构，对舍内温度、湿度等小气候环境的保持起着重要作用。要求坚固耐用，具有良好的保温、隔热、防水、防火、抗震和抗冻性能，便于清扫和消毒。

（3）门　用于牛群、饲料以及工作人员的进出，宜向外开或者做成推拉门，门上不能有尖锐突出物，防止奶牛受伤。

（4）窗　保证牛舍的自然光照和通风。多设在墙或屋顶上，是墙与屋顶失热的重要部分。在温热的地区宜多设窗，便于通风，而在寒冷地区则必须兼顾冬天的保温与夏季的通风。

（5）屋顶　屋顶是牛舍上部的外围护结构，用以防御自然界的雨、雪、风以及太阳辐射的侵蚀，对于牛舍的冬季保温和夏季隔热非常重要。屋顶应防水、隔热、保温、不透气，坚固耐用，结构轻便，造价便宜。

2）朝向

牛舍的朝向直接关系到牛舍的温度和采光。我国太阳高度角冬季小，夏季大，所以牛舍多采用南向（即牛舍长轴与纬度平行）。这样冬季有利于阳光照入舍内，提高舍温；而夏季则可防止强烈的太阳照射，牛舍达到冬暖夏凉。同时，牛舍朝向还要考虑地形、主风向及其他条件。

3）奶牛场的设计

（1）整体布局　奶牛场布局应按生活管理、生产、辅助生产、隔离和粪污处理等功能区划分。

①生活管理区。包括工作人员的生活设施、办公设施以及与外界密切接触的生产辅助设施（变配电室、锅炉房、水泵房、维修间、仓库、车库等）应位于生产区主风向的上风向及地势较高处，并与生产区严格分开，距离不得少于50米。

②生产区。包括成母牛舍、青年母牛舍、犊牛舍、产房、挤奶厅以及运动场等。生产区奶牛舍要布局合理，能够满足奶牛分阶段、分群饲养的要求，生产区入口处需设人员消毒室（图3-5）、更衣室和车辆消毒池。

③辅助生产区。包括青贮窖（塔）、草棚和饲料仓库等辅助生产设施。青贮窖（塔）、草棚（垛）等应设在生产区的侧向，方便向牛舍运输饲草，并有专用的通向

场外的通道。奶牛场与外界应有专门道路相通。场内道路分净道和污道，两者要严格分开，不得交叉混用。净道主要用于牛群围转，饲养员行走和运送草料等，污道主要用于粪污、废弃物及病死牛的出场。散栏式饲养时，挤奶厅设在距泌乳牛舍较近的位置，牛奶制冷间设在挤奶厅一侧。

图 3-5　人员消毒室

④隔离区和粪尿污水处理区。

隔离区包括兽医室、隔离牛舍和病死牛无害化处理设施；粪尿污水处理区包括贮粪池、贮液池、沼气池等粪尿污水处理设施。应设在场区主风向的下风向及地势较低处，与生产区保持 100 米以上的距离，并有单独通道，便于病牛隔离和污物处理。

（2）牛舍　有拴系式和散栏式。

①拴系式牛舍是一种传统牛舍，每头牛都有固定的牛床，用颈枷拴住奶牛，除运动外，饲喂、挤奶、刷拭及休息均在牛舍内。优点是有专人管理饲养固定牛群，对每头奶牛的情况比较熟悉，管理细致，奶牛有较好的休息环境和采食位置，相互干扰小，能获得较高的产量。缺点是操作烦琐费力，劳动生产率较低，牛只关节损伤等也较其他形式牛舍多。

②散栏式牛舍内设有休息区和采食区，舍外设有运动场，休息区设有牛床。牛只无固定床位，不拴系，可自由选择在采食区采食，或到休息区休息，或到舍外运动场活动，挤奶在挤奶厅进行。

散栏式饲养的优点是：便于实行工厂化生产，可大幅度提高劳动效率；同时，散栏牛舍内部设备简单，造价低。此外，奶牛在散栏式牛舍可在采食区、休息区及运动场自由活动，环境舒适。散栏式饲养的缺点是：不易做到个别饲养，并且由于共同使用饲槽和饮水设备，传染疾病的机会多；半固体状的粪尿难以清洁。目前国内新建的机械化奶牛场大多采用散栏式饲养，这是现代奶牛舍建设的趋势，也是标准化建设的要求。

A. 总体布局。散栏式牛场应以奶牛为中心，通过处理粗饲料、精饲料、牛奶、粪便 4 个方面的活动进行分工，逐步形成 4 条专业生产线，即粗饲料生产线、精饲料生产线、牛奶生产线和粪便处理线。另外建立兽医室、人工授精室、产房等建筑和供水、供电、供热、排水、排污、道路等服务系统。

散栏式牛场由于牛群移动频繁，泌乳牛都要到挤奶厅集中挤奶，因此生产区内各类牛舍必须有一个统一布局，要求泌乳牛舍相对集中，并按泌乳牛舍 → 干奶牛舍 → 产房 → 犊牛舍 → 青年牛舍顺序排列，从而使干奶牛、犊牛与产房靠近，而泌乳牛与挤奶厅靠近。可根据奶牛规模、当地环境等实际情况来布局牛场（图3-6）。

B. 牛床。散栏式牛床要足够长，使奶牛能舒适地躺卧和起立，并让奶牛在躺卧时乳房离牛床后沿有足够的距离，且尾部不会落入粪沟被污染，但又不能太长，粪尿能恰好落入走道中。牛躺卧和起立的空间由3部分组成：身体部分－牛臀端至肩端躯体所占据的空间；头颈部－牛头颈部所占据的空间；前冲空间－牛站起时因为前冲而需要的额外空间。以体重600千克的荷斯坦牛为例，在静卧时牛床的长度约为214厘米，其中躯体所需空间为168厘米，头颈部所需空间为46厘米；另还须为奶牛提供站立时所需的前冲空间26～56厘米。

根据牛站立时头的摆放位置可分前冲式牛床和侧冲式牛床。在侧冲式牛床，牛站立时是将其头部伸入侧隔栏中。为此，侧隔栏底部横杆须高出床面至少81厘米，使牛头可在其下伸入，或低于28厘米使牛头可在其上伸入。若采用前冲式牛床，

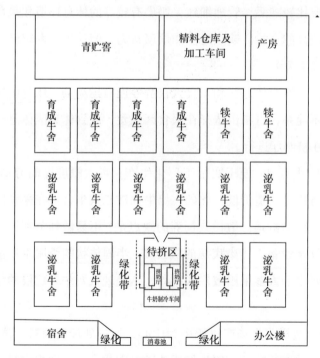

图3-6　2 000头规模散栏式奶牛场总体布局示意图

则须加长牛床，并设置胸板，以防牛躺卧时过分前靠，而将粪便排在床上。在对头双列式牛床，可共用前冲空间，其垂直距离至少为 53 厘米。

同时，散栏式牛床一般比通道高 15 ~ 25 厘米，边缘呈弧形，常用垫草的牛床面可比床边缘低 10 厘米左右，使用铺垫物将之垫平。铺垫的材料要能吸水、以保持牛床干燥；具有弹性，使牛躺卧更舒服，能减少对奶牛的潜在伤害；不需光滑，能增加摩擦力力。常用的铺垫物主要有锯末、粗沙、橡皮垫、稻草、碎玉米秸等。也可采用不加铺垫物的牛床，其床面与边缘在同一平面上，并有 2% ~ 4% 的相对坡度，使保持牛床干燥。

成奶牛散栏式牛床尺寸见表 3-4。

表3-4　成奶牛散栏式牛床尺寸（单位：厘米）

体重	550 千克	650 千克	750 千克
头部空间	43	46	48
前冲空间	36	38	41
前冲式牛床长	234 ~ 249	244 ~ 259	259 ~ 274
侧冲式牛床长	203 ~ 218	213 ~ 229	229 ~ 249
牛床宽（中对中）	109 ~ 114	114 ~ 122	122 ~ 132
颈杠距牛床床面高	102 ~ 114	107 ~ 119	112 ~ 124
颈杠距牛床后沿长	157 ~ 163	168 ~ 173	178 ~ 183
侧隔栏长	较牛床短 36	较牛床短 36	较牛床短 36
侧隔栏顶端横杆高	107 ~ 117	112 ~ 122	117 ~ 127
侧隔栏低端横杆高（低位式）	28	28	28
侧隔栏低端横杆高（高位式）	81	81	81
胸板距牛床后沿长	157 ~ 163	168 ~ 173	178 ~ 183
胸板高	10 ~ 15	10 ~ 15	10 ~ 15
牛床相对坡度（%）	1 ~ 4	1 ~ 4	1 ~ 4

C. 饲喂区域及饲架。饲架将休息区与饲喂区（图 3-7）分开。散栏式饲养大多采用自锁式饲架，其长度视牛体格大小、饲料种类、饲喂方式不同而异（见表 3-5）。饲喂通道的宽度视饲喂工具而定，如果采用小推车喂料，在两列对头式散栏牛舍其宽度为 2.4 米；采用机械喂料，则其宽度需 4.8 ~ 5.4 米（图 3-8）。饲槽底部表面应高于牛前蹄表面 10 ~ 12 厘米。

图 3-7　饲喂区　　　　　　　　　　图 3-8　饲喂通道

表 3-5　不同月龄奶牛所需的最低饲喂空间（单位：厘米）

月龄	3 ~ 4	5 ~ 8	9 ~ 12	13 ~ 15	16 ~ 24	成奶牛
自由采食						
干草或青贮饲料	10	10	13	15	15	15
混合日粮或精饲料	30	30	38	46	46	46
同时采食						
干草、青贮饲料或混合日粮	30	46	56	66	66	66 ~ 76

D. 饮水设施。每 6 ~ 10 头牛需要一个饮水器。每群牛至少要有 2 个水槽位可供选择，水槽中水的深度不宜超过 15 ~ 20 厘米，以便保持水质新鲜。饮水槽（图 3-9）设置在通道交叉处。

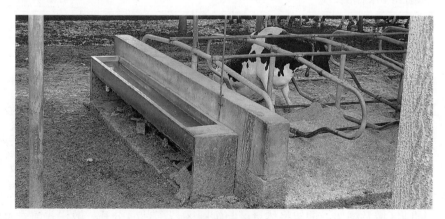

图 3-9　饮水槽

E. 作业通道。牛舍内作业通道的结构根据清粪的方式而定。一般为水泥地面，并有 2% ~ 4% 的斜度，以利清洗。通道的宽为 2.0 ~ 4.8 米，与饲槽毗连的通道要比一般的通道宽些，以便当有奶牛在采食时，其身后还有足够的空间让其他奶牛自由往来。如采用机械刮粪，则通道的宽应与机械的宽相适应。也可采用漏缝地板，并借助牛的运动或使用刮板将粪污踩入（或刮入）位于下方的粪沟内，然后使用水冲或刮粪机定时将粪冲（刮）到舍外的贮粪池。

F. 牛舍纵向过道。通常每隔 30～40 个牛栏位就需增设一个过道，以便于牛接近饲槽、水槽和牛床，也可使奶牛在遭受其他牛侵扰时便于躲避。过道平面应比清粪通道略高些，以减少刮粪时粪便流到过道。同时，过道设计为微拱形，以利于自洁。

G. 牛床排列方式。散栏式牛床可设计成单列式、双列对头式或双列对尾式、三列式，牛群规模大的也可设计成四列式等。

（3）挤奶厅　挤奶厅是奶牛场采用散栏式饲养的重要配套设备。挤奶厅采用的厅式挤奶机有利于提高牛奶质量和劳动效率，见表3-6。

表 3-6　厅式挤奶机工作效率（单位：秒/头）

项目	快	慢
进牛	2	12
喂料	0	4
乳房准备	10	30
上奶杯	8	12
观察	2	30
脱奶杯	3	8
挤奶后处理	4	6
出牛	2	12
闲杂	2	20

①挤奶厅及挤奶台。目前挤奶厅布置的挤奶台有鱼骨式、并列式和转盘式等。

A. 鱼骨式挤奶台。鱼骨式挤奶台两排挤奶机的排列形状有如鱼骨而得名（图3-10），栏位一般按倾斜30°设计，可使奶牛的乳房部位更接近挤奶员，有利于挤奶操作，可减少走动距离，提高劳动效率。同时，基建投资低于串列式，在生产上用得比较普遍。

图 3-10　鱼骨式挤奶台

鱼骨式挤奶厅棚高一般不低于 2.45 米，中间设有挤奶员操作的坑道。坑道深 0.85 ~ 1.07 米（1.07 米适于可调式地板），坑宽 2.00 ~ 2.30 米，坑道长度与挤奶机栏位有关，见表 3-7。

表 3-7　鱼骨式挤奶台坑道长度

挤奶机栏位（个）	坑长度（米）
2×3	5.55
2×4	6.70
2×5	7.85
2×6	9.00
2×7	10.15
2×8	11.30
2×10	13.60
2×12	15.90

B. 并列式挤奶台。并列式挤奶台操作距离短，挤奶员最安全，环境干净，但奶牛乳房的可见程度较差，根据需要可安排 1×4 至 2×24 位，以满足大、中、小不同规模奶牛场的需要（图 3-11）。

并列式挤奶厅棚高一般不低于 2.20 米。坑道深 1.00 ~ 1.24 米（1.24 米适于可调式地板），坑宽 2.60 米，坑道长度与挤奶机栏位有关，见表 3-8。

图 3-11　并列式挤奶台

表 3-8　并列式挤奶厅坑道长度

挤奶机栏位（个）	坑道长度（米）	挤奶机栏位（个）	坑道长度（米）
1×4	4.99	2×4	4.99
1×6	6.36	2×6	6.36
1×7	7.05	2×7	7.05
1×8	7.73	2×8	7.73
1×9	8.42	2×9	8.42
1×10	9.10	2×10	9.10
1×12	10.47	2×12	10.47
		2×14	11.84
		2×16	13.21
		2×20	15.95

C.转盘式挤奶台。利用可转动的环形挤奶台进行挤奶流水作业。优点是奶牛可连续进入挤奶厅，挤奶员在入口处冲洗乳房、套奶杯，不必来回走动，操作方便，每转一圈7～10分，转到出口处已挤完奶，劳动效率高，适合较大规模奶牛场。

②挤奶厅附属设备。为充分发挥挤奶厅的作用，应配备相适应的附属设备，如待挤区、机房、牛奶制冷间等。这些设备的自动化程度应与挤奶设备的自动化程度相适应，否则将影响设备潜力的发挥，造成无形的损失。

A.待挤区。是将同一组挤奶的牛集中在一个区内等待挤奶，可配置自动赶牛器，将牛赶向挤奶台。待挤区常设计为方形，且宽度不大于挤奶厅，面积按每头牛1.6平方米设计。奶牛在待挤区停留的时间一般以不超过0.5小时。要避免在挤奶厅入口处设置死角、门、隔墙或台阶、斜坡，以免造成牛只通过阻塞。待挤区（图3-12）的地面要易清洗、防滑、浅色、环境明亮、通风良好，且有3%～5%的坡度（由低到高至挤奶厅入口）。

B.滞留栏。采用散栏式饲养，由于奶牛无拴系，如需进行修蹄、配种、治疗、剪毛等，须将奶牛牵至固定架或处理间，但此时往往不太容易将牛只牵离牛群。所以多在挤奶厅出口通往奶牛舍的走道旁设一滞留栏，栅门由挤奶员控制。在挤奶过程中，如发现有需进行治疗或需进行配种的奶牛，奶牛挤完奶，走近滞留栏时，将栅门

图3-12　待挤区

开放，挡住返回牛舍的走道，将奶牛导入滞留栏。目前最为先进的挤奶台配有牛只自动分隔门，其由电脑控制，在奶牛离开挤奶台后，自动识别，及时将门转换，将奶牛导入滞留栏，进行配种、治疗等。

C.附属用房。在挤奶台旁通常设有机房、牛奶制冷间、更衣室、卫生间等。

（4）犊牛栏（岛）

①犊牛栏。犊牛出生后即在靠近产房的犊牛栏中饲养，每犊一栏，隔离管理，一般1月龄后才过渡到通栏。犊牛栏侧面和背面可用木条、钢丝网或胶合板制成。栏底用木条制成漏缝地板，辅有垫草，离地至少3厘米，利于排水和排尿，并定期清扫地面。犊牛栏设有饮水、采食的设施，以便犊牛喝奶后，能自由饮水、采食精

饲料和干草。犊牛栏的设计尺寸详见表3-9和表3-10。

表 3-9　单头犊牛栏的尺寸

项目	体重 <60 千克	体重 >60 千克
每个栏推荐面积（平方米）	1.70	2.00
每个栏面积（平方米）	≥ 1.20	≥ 1.40
栏长（米）	≥ 1.20	≥ 1.40
栏宽（米）	≥ 1.00	≥ 1.00
栏高（米）	≥ 1.00	≥ 1.10

表3-10　犊牛栏配制的饲槽和饮水糟尺寸

项目	体重 <60 千克	体重 >60 千克
饲喂器具宽（厘米）	19	20
饲喂器具底离地高（厘米）	28	30
饲喂器具上缘离地高（厘米）	45	50
饲喂器具容量（升）	≥ 6.0	≥ 6.0
奶嘴高（厘米）	70	80
草架底离地高（厘米）	80	90

②犊牛岛。犊牛岛是培育犊牛的一种良好方式。一个犊牛岛饲养一头犊牛。常见的犊牛岛长、宽、高分别为2.0 米 ×1.5 米 ×1.5 米，其尺寸设计详见表 3-11。南面敞开，东、西、北及顶面由侧板、后板和顶板围成，在后板设一个 15 厘米 ×15 厘米开口，可在夏季打开形成纵向通风。在市面上可以买到由塑料或玻璃钢（玻璃纤维）制成的犊牛岛。在犊牛岛内铺有稻草、锯末等垫料，并保持干燥和清洁，为犊牛提供一个舒适的休息环境。在犊牛岛南面设有运动场，运动场由直径为1.0 ～ 2.0 厘米的金属丝网或镀锌管围成栅栏状，栅栏间距8 ～ 10 厘米，围栏前设哺乳桶和干草架，以便犊牛小范围内活动、采食和饮水，见图3-13。

图 3-13　犊牛岛

犊牛岛应设在地势平坦、排水良好的地方。当犊牛转出后，应对犊牛岛进行清洗和消毒，并将其放置在干净的地方，方便切断病原菌的生活周期。犊牛岛的数量要足够多，以保证在下一头犊牛使用前至少有2周的空置时间。犊牛岛坐北朝南，也可随季节或地区不同而调换方向。强调在夏季，犊牛岛应放置在阴凉处，防止热应激。

表 3-11　犊牛岛设计尺寸

项目		体重 <60 千克	体重 >60 千克
牛舍	长（米）	≥ 1.20	≥ 1.40
	宽（米）	≥ 1.00	≥ 1.00
	高（米）	≥ 1.10	≥ 1.25
运动栏	长（米）	≥ 1.20	≥ 1.20
	宽（米）	≥ 1.00	≥ 1.00
	高（米）	≥ 1.10	≥ 1.10

③群居式犊牛岛。典型的群居式犊牛岛可饲养2～6头犊牛，犊牛岛由人工合成材料或木料制成（图3-14）。例如，4头规模的群居式犊牛岛小屋内面积10平方米，运动场面积10～15平方米，小屋内铺有垫草，运动场配有饮水器和饲槽。运动场每周清洁1～2次，清除粪便和污染的垫草。

图 3-14　群体犊牛岛

④通栏。按犊牛大小进行分群，采用散放、自由牛床式的通栏饲养。面积根据犊牛的头数而定，一般每栏饲养5～7头，每头犊牛占地面积2.3～2.8平方米，栏高120厘米。通栏面积的一半左右，可略高于地面并稍有斜度，铺上垫草作为自由

牛床。另一半作为活动场地。通栏的一侧或两侧，设置为饲槽并装有栏栅颈枷，在喂乳或其他必要处理时对牛只固定。颈枷的间距为：0～6月龄牛为10～12厘米；7～12月龄牛为13～16厘米。

舍内的通栏布置既可为单排栏，也可为双排栏等。每栏设置自动饮水器，让犊牛随时能喝到清洁的水。

（5）产房　在较大规模的奶牛场一般设有产房。产房是专门用于饲养围产期牛只的用房。由于围产期的牛只抵抗力较弱，产科疾病较多，因此，产房要求冬暖夏凉，便于清洁和消毒。产房内的分娩栏数一般可按每30头成母牛配一个。分娩栏宽和长均不小于3米，高不低于1.3米，面积不小于10平方米，方便接产操作。

3. 附属设施　奶牛场的附属设施有青贮设施、干草棚、消毒池和贮粪池。

1）青贮设施　青贮设施有青贮窖、青贮壕和青贮塔。

（1）青贮窖　一般分为地下式、半地下式和地上式3种。永久性青贮窖（图3-15）用砖或石砌成，水泥抹面，不透气、不漏

图3-15　永久性青贮窖

水，内壁光滑垂直或上大下小呈倒梯形。倒梯形窖的优点在于装满原料后，在自身重力作用下，原料可继续下沉，使原料更贴紧窖壁，可以将窖壁周围的空气排净，减少窖壁四周的青贮损失。每年青贮前，都要对窖池进行清扫、检查、消毒和修补。每立方米窖（池）贮压实全株玉米650~700千克。

（2）青贮壕　是挖一个长条形的壕沟，沟的两端呈斜坡，沟底及两侧墙用混凝土抹砌即为一个青贮壕。或者在平地建两面平行的水泥墙，两墙之间就是一个青贮壕。一般青贮壕高2～3米、宽4～5米，长20～30米，依地形和青贮原料的数量而定。

（3）青贮塔　是用钢筋、砖、水泥砌成的塔形建筑物。青贮塔构造坚固，经久

耐用,青贮质量高,养分损失少,机械化程度高,进料取料有专用机械,一次性投资较高,适用于大型牛场。

2）干草棚 地面应比室外地面高 50 厘米,注意做好棚内排水。一般可按 1 米^{3}干草捆 380 千克的数据来确定干草棚（图 3-16）的面积。

图 3-16 干草棚

3）消毒池 在奶牛饲养区进口处设消毒池,消毒池构造应坚固,并能承载通行车辆的重量。消毒池长一般为 3.8 米,宽 3.0 米,深 0.1 米,地面平整,耐酸耐碱,池底有一定坡度,并设有排水孔（图 3-17）。

图 3-17 消毒池

消毒池如仅供人和自行车通行,可采用药液湿润,踏脚垫放入池内进行消毒,其尺寸为长 2.8 米,宽 1.4 米,深 5 厘米。

4）贮粪池 牛舍与贮粪池应有一定距离（200 ~ 300 米）。贮粪池的底面和侧面要密封,防止渗漏污染地下水。贮粪池的容积可按每 1 000 千克体重奶牛需 0.09 米^{3}计（图 3-18）。

图 3-18 贮粪池

（三）奶牛场机械设备与配备

1. 牛场常见机械系统简介　我国养牛业正处于从传统饲养方式向规模化、机械化、集约化、标准化方向快速发展的时代。目前，规模奶牛场采用智能化设施，自动完成饲养、挤奶、清粪等全部生产过程，尤其在挤奶方面可完成自动计量、自动脱落后通过密闭管道系统进入冷却贮奶罐，由计算机管理系统完成全部挤奶数据记录。在饲喂技术方面，越来越多奶牛场采用 TMR 饲养技术，并与散栏式饲养相配套，实现机械化、工厂化、标准化饲养。同时，奶牛场正趋向于采用计算机信息管理系统管理牛场，除建立起数据库管理系统，监测记录挤奶量、饲料供应、营养配方、繁殖、育种等信息资料外，还建立了计算机识别系统，在牛体上安装微型感应标识（颈部标识、耳标识），即可随时采集信息，可准确地测报奶牛所在方位、健康状态、各项生理指标及所需的营养成分和数量，并能根据生产性能自动设计、自动提供合理的日粮配方、自动给料、监测发情、提示适时配种时间等。在牛舍内安装环境控制系统，可实现牛舍湿度、温度和空气质量人工智能化调控，为奶牛生产创造一个舒适的环境，利于其生产性能的发挥。总之，牛场饲养管理的机械化、自动化、智能化已成为国际流行的发展趋势。

2. 牛场常用机械与性能要求　牛场的机械主要有青贮铡草机、饲喂机械、挤奶机械、牛舍环境控制设备、牛舍除粪机械等。

1）青贮铡草机　也称切碎机，是养牛场必备的设备，主要用于切碎粗饲料（图 3-19），如青贮玉米、青草、秸秆等。按机型大小可分为小型、中型和大型。其中小型铡草机每小时可切碎青贮饲料 3～4 吨、中型青贮切碎机为 15～20 吨、大型青贮切碎机为 20～30 吨。铡草机可分为滚筒式和圆盘式两种。

图 3-19　铡草机

2）全混合日粮（TMR）饲料搅拌车　由自动抓取、自动称量、粉碎、搅拌、卸料和输送装置等组成。将各种粗饲料、精饲料和饲料添加剂，以一定的顺序投放在 TMR 饲料搅拌车内，通过绞龙和刀片的作用对饲料切碎、揉搓、软化、搓细等，经过充分的混合后获得全混日粮。TMR 饲料搅拌车按行走方式可分为固定式、自走式、牵引式 3 种。

（1）牵引式　由拖拉机牵引，物料的混合及输送的动力来自拖拉机动力输出轴和液压控制系统，送料时边行走边进行混合，拉至牛舍时即可喂饲，搅拌和饲喂能够连续完成。

（2）自走式　自带动力不用牵引，装好料后可以边搅拌边走动到牛舍，到牛舍后刚好搅拌完成，可以直接饲喂。方便快捷，省时省力。自走式 TMR（图 3-20）或牵引式 TMR 饲料搅拌车适合于饲喂通道较宽的牛舍（宽度大于 3.5 米）。

图 3-20　自走式 TMR 饲料搅拌车

（3）固定式　由三相电动机驱动，搅拌好的饲料由出料设备卸至喂料车上，再由喂料车拉到牛舍饲喂。固定式 TMR（图 3-21）混合搅拌设备比较适合通道较窄的牛舍。

3）挤奶设备　挤奶设备主要有提桶式、移动式、管道式及挤奶厅等四种类型。

（1）提桶式　真空装置固定在牛舍内，

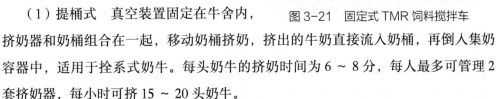

图 3-21　固定式 TMR 饲料搅拌车

挤奶器和奶桶组合在一起，移动奶桶挤奶，挤出的牛奶直接流入奶桶，再倒入集奶容器中，适用于拴系式奶牛。每头奶牛的挤奶时间为 6～8 分，每人最多可管理 2 套挤奶器，每小时可挤 15～20 头奶牛。

（2）移动式（挤奶车）　移动式挤奶机是专为小型奶牛场设计的，它是最简单的一种挤奶装置，由带挤奶桶的挤奶器和真空泵机组组成，可在奶牛舍或草场上使用，由电动马达或燃油驱动。每小时可挤 15 头奶牛，有 1～2 套挤奶杯组。

（3）管道式　真空装置和牛奶输送管道固定在牛舍内，无挤奶桶，挤下的牛奶可直接通过牛奶计量器和牛奶管道进入自动制冷罐，不与外界空气接触，并配置自动化的洗涤装置，每次挤奶后整个挤奶系统自动进行清洗消毒，因此，牛奶卫生质量较好。

管道式挤奶机每人可管理两套挤奶器，若每天 3 次挤奶，每人可挤 35～45 头奶牛。目前，我国许多奶牛场采用管道式挤奶系统。

图3-22 挤奶厅

（4）挤奶厅　也属于管道式中的一种，其特点是真空装置和挤奶器都固定在专用的挤奶厅内，奶牛通过专用的通道进入挤奶厅内挤奶，挤下的牛奶通过牛奶管道输送到自动制冷罐冷却贮存（图3-22）。

4）牛舍环境控制设备　是控制和保持牛舍内小气候环境的设备，满足奶牛生长发育的需要，主要包括通风设备和喷淋（喷雾）设备。

图3-23 风机

（1）通风设备　风机有轴流式风机和离心式风机。牛场使用的风机大多为轴流式。选型时要注意选择风机叶片直径、转速、功率以及风机的性能和能量效率比。一般来说，直径越大送风能力越强。用于牛舍降温的风机，安装时应考虑牛舍主风向，风机安装的角度、高度、间距，以保证牛体最佳的降温效果。用于改善牛舍空气质量的风机，常安装在牛舍侧面墙上的排气口或进气口内（图3-23）。

（2）喷淋（喷雾）设施　南方地区由于高温常常伴随着高湿，因此，夏季如若通过风机还不能有效消除热应激影响，应将机械通风与喷淋结合使用，通过蒸发散热，达到缓解牛热应激的目的。喷淋降温系统一般安装在牛舍的采食区、待挤区以及挤奶厅出口处。安装喷淋设施时，要考虑喷嘴压力、流量，喷嘴安装的高度，喷淋直径，喷淋时间，喷嘴是固定式还是旋转式以及喷淋管道设计与过滤器安装。同时，通风和喷淋要交替进行，以免增加牛舍湿度。在干旱地区也可通过喷雾降低空气温度，或在进气口装蒸发冷却装置，可降低舍内空气温度（图3-24）。

图3-24 喷淋＋风扇

5）牛舍除粪机械

（1）清粪铲车　由小型装载机改装而成，推粪部分利用了废旧轮胎制成一个刮粪斗，将清粪通道中的粪刮到牛舍一端的积粪池中，然后通过吸粪车（图3-25）将粪集中运走。采用这种机械清粪，运行成本高，工作次数有限，影响牛舍的清洁。同时，车体积大、工作噪声大，易对牛造成伤害和惊吓。

图3-25　吸粪车

（2）机械刮粪板　机械刮粪板操作简便，工作安全可靠，其刮板高度及运行速度适中，噪声小，不影响牛群的行走、饲喂和休息，而且运行、维护成本低（图3-26）。目前，机械刮粪板有漏缝式刮粪板、组合式刮粪板及折叠式刮粪板等多种。漏缝式刮粪板适用于漏缝地板，组合式刮粪板适用于水泥地面，折叠式刮粪板适用于清粪通道较宽或牛床垫料使用秸秆的牛场。

图3-26　机械刮粪板

（3）智能清粪机器人　由电池驱动，能实现牛舍的全自动清粪，运行轨迹可预先设置程序，通过GPS定位，不留清粪死区，适用于漏缝地板。

（四）生产管理标准化

奶牛场的中心任务是生产，通过经营实现效益，必须以人为本有效地组织和管理生产，促使有限的人力、物力、财力产生最高的效率和效益。

1. 组织机构的建设　根据不同的经营目的和规模，奶牛场应建立相应的组织机构，如2 000头规模的奶牛场组织架构图见图3-27。奶牛场的组织机构必须精干，择优上岗，责任明确，实行场长聘任制度。奶牛场，除设场长外，还应设畜牧师、会计师、兽医师、产品质量监督员以及其他业务人员（包括出纳、采购、保管、统计等）若干人。

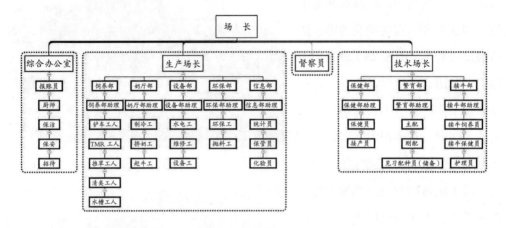

图3-27　2 000头规模奶牛场组织架构图

2. 建立健全规章制度　为了不断提高经营管理水平，以人为本，充分调动职工的积极性，奶牛场必须建立一套简明扼要的规章制度，使工作达到规范化、程序化、标准化。对场长、生产场长、兽医组长及技术员、繁殖组长及技术员、饲料组长及饲养员、挤奶班长及挤奶员、化验员、资料管理员、后勤组、司机、维修员工、库管及门卫都有详细的标准化管理规程。

3. 生产组织管理标准化

1）防疫管理标准化

（1）人员、车辆出入场

①获准进场。

A. 牧场员工外出或外出返场时，必须主动出示工作卡并进行相关登记。

B. 外来人员（包括车辆驾驶员）入场前，征得牧场负责人同意后，方可入场。疫病防疫期间，需征得负责人同意后，方可入场。入场后，安保人员主动引导外来人员做相关登记，保证记录完整。

②消毒。

A. 入场人员必须对手部、足底依次进行消毒。

B. 入场车辆需降低车速通过自动消毒设备并做短暂停留；没有自动消毒设备的，须由安保人员持高压消毒枪对车辆的车体、车身，尤其是车底部位进行全面的消毒。

③对入场人员配发一次性防护用品。

（2）生活区

①卫生保持。共同维护宿舍、办公室、餐厅的环境卫生。垃圾定点投放，不得随意乱扔。

②卫生清理。不得穿工作服回生活区，从生产区归来，必须在更衣室更换衣物。工作服、日常生活衣物需分开洗涤。常洗浴、勤换衣，养成良好卫生习惯。

（3）更衣室

①更衣室。

A. 更衣室内要求干净卫生，严禁乱放工衣工鞋、更衣室内垃圾桶及时清理。

B. 更衣室内的工衣摆放整齐，用过的脏工衣及时清洗。

C. 牧场员工将用过的工鞋清理干净后整齐摆放于鞋架上。

D. 内部员工进出生产区，员工更换工作服（洗涤时除外），严禁将带有污渍的工作服、鞋、帽、手套等穿戴回生活区。

E. 进出生产区员工必须对身体裸露部位进行清洗消毒。

F. 工作服和生活区便衣分别放置，摆放整齐，严禁乱扔乱放。

G. 更衣间内干净、整洁，无乱丢放的手套、口罩等物品。

②洗澡间。

A. 洗澡间设备能够正常使用，维护部门应及时检查维修。

B. 不准在洗澡间内清洗胶鞋，不准摆放其他杂物。禁止在洗漱间、洗浴室冲洗工作服、工作鞋。

（4）保健部

①日常诊疗、免疫、检疫。穿着工作服，佩戴一次性手套、口罩（或普通纱布、棉布口罩）、工帽、工鞋进行作业。

②大型手术操作。除工作服外，还需穿着手术服，（或外罩防水围裙）防止血液喷溅。佩戴不少于 12 层的纱布口罩（或 N95 一次性口罩）、丁腈手套、工帽，根据不同情况，还可选择使用长臂手套、防护眼镜进行作业（图 3-28）。

图 3-28　技术人员标准穿戴

③特殊免疫工作。除工作服外，还需穿着一次性连体防护服，N95口罩、专用防护眼镜，丁腈手套进行作业。

（5）繁育部　穿着日常工作服、工帽，佩戴一次性手套、长臂手套、一次性口罩或棉布（棉纱）口罩、防水胶鞋。严禁无防护作业，及时清洗、更换工作服。

（6）犊牛部

①日常工作。穿着日常工作服，视不同作业目的（饲喂、清理）可佩戴一次性手套（棉线手套）、长臂乳胶手套，佩戴一次性口罩或棉布（棉纱）口罩、工鞋。

②接产工作。除日常工作服、工帽和工鞋外，外罩防水围裙，佩戴护目镜、N95一次性口罩、长臂手套进行作业，长臂手套用燕尾夹夹牢。

③处理胎衣、流产牛。除日常工作服、工帽和工鞋外，外罩防水围裙，佩戴护目镜、N95一次性口罩、一次性手套（佩戴两层）进行作业。

严禁无防护作业，一次性防护用品用后可作废弃处理。

（7）挤奶部　穿着日常工作服、工帽、胶鞋，外罩防水围裙，佩戴橡胶手套、套袖、面纱/棉布口罩、护目镜等进行作业。严禁无防护作业，及时清洗、更换工作服。

（8）饲养部　穿着日常工作服、工帽、工鞋（清粪工可选择防水胶鞋），佩戴一次性口罩（或面纱/棉布口罩）、一次性手套（或棉线手套）进行作业。

严禁无防护作业，及时清洗、更换工作服，可将一次性防护用品更换为可多次使用的棉纱/棉布口罩、手套。

（9）设备部

①日常维修作业。穿着日常工作服、工帽、工鞋，佩戴一次性口罩、棉线手套进行作业。必要时佩戴防切割手套。

②电力设施维修作业。在断电情况下，穿着工作服，安全帽、防静电胶底工鞋或绝缘皮鞋，必要时佩戴绝缘手套进行作业。

③焊接作业。穿着焊接专用工作服或隔热工作服，防静电胶底工鞋或绝缘皮鞋，佩戴焊工手套进行作业。

④维修人员高空作业。必须记挂好安全带，佩戴安全帽，做好人员防跌落和防碰撞防护。

（10）兽医部　穿着日常工作服、工帽，佩戴一次性手套、长臂手套、一次性口罩或棉布（棉纱）口罩、防水胶鞋。严禁无防护作业，及时清洗、更换工作服。

2）产房管理标准化操作

（1）产犊区域的设置　设置专门的产犊区域且位置不宜偏远，离围产牛舍和新产牛舍接近便于转牛，并配有操作间和卫生间以便于人员方便操作。牧场应以实际情况为准。

（2）产房的环境

①环境要求。分娩区域应保持干净、干燥、松软，垫料保证20厘米以上厚度，且定期清理平整，垫料不足时及时添加。保证宽敞、安静、良好的通风和充足的照明，任何人不得在产房内大声喧哗，地面要有防滑措施，并注意夏天的防暑降温及冬天的防寒保暖。产后牛经过检查正常后及时转出产房。严禁无关车辆及人员通行。

②保证临产牛的牛体卫生。

③及时清理产房内的死胎、胎衣，每天交接班时在专门的区域集中进行无害化处理（图3-29）。

图3-29　清理胎衣

④产房应该有充足清洁的饮水和新鲜的TMR饲料。

（3）接产工具及药品

①产科器械及工具。产科链、助产器、手术器械、产科器械、水桶、毛巾、保定栏（牧场可根据实际情况配备专门的消毒设施）、称重器（初生犊牛重）、钟表热水器、耳牌及耳号钳（及时给犊牛打耳牌）、照明设备、橡胶手套、转运犊牛的车辆，并且所有的门要有固定的链条及卡扣。

②药品。抗生素、催产素、止疼药、脐带消毒用品（7%~10%碘酊）、新洁尔灭、石蜡油等。

（4）接产管理

①将出现产犊征兆（举尾、尿频、起卧不安、漏乳等）的牛及时转入产房。

②在转群之前发现胎囊或胎囊破裂的牛禁止转群。

③在巡查过程中登记胎囊出现时间，每15分观察牛的产犊进展，若无进展则进

行检查，确认胎位胎势是否正常，并及时进行助产。助产时接近奶牛要从奶牛的后面慢慢靠近。

A.头胎牛在产犊过程中露出肩部时可适当予以助产。

B.产犊难易度评分见表3-12。

表3-12　产犊难易度评分

分值	生产方式
0分	顺产
1分	一人助产
2分	二人助产
3分	动用助产器械
4分	剖宫产

注：难易度评分在≥3分时通知部门经理并进行助产。

（5）交接班　两个班次的接产人员在上下班时必须当面交接工作，尤其是正在分娩牛只的情况，并详细记录本班次发生的问题。

（6）产犊记录　包括分娩日期、分娩牛号、浆泡出现时间、犊牛耳号、公母、难易度评分、是否活犊、胎儿娩出时间、母牛体况评分、是否双胎等。

（7）分娩后护理和治疗

①分娩后应及时用7%~10%的碘酊对小牛的脐带进行消毒，然后打上耳牌，用清洁干净的小车，并且在小车上铺橡胶垫或垫草，将犊牛拉到犊牛舍。

②对两人以上助产的牛在分娩后要做产道检查，对出现产道损伤的牛及时注射美达佳等止痛药，对产道撕裂的牛应及时通知兽医前来处理。对于产后高危牛（如过胖、过瘦，发病等）可适当灌服液体。

③分娩后及时做体况评分。

④建立专门的转牛通道，保证工作效率和新产牛的安全。

（8）人员培训　定期对接产人员进行接产操作（助产）、难产紧急预案制订、产房消毒、新生犊牛的处理及新产牛的体况评分、个人防护等各方面进行培训。每月至少培训一次，要求所有的产房工作人员必须掌握，并在培训后组织考试。应将理论结合现场进行培训，通过不断的培训来加强员工对产房重要性的认识和操作熟练度。

3）奶牛保健操作标准化

（1）预防乳腺炎的关键控制点

①舒适度——保证乳房干净、干燥。

②挤奶操作——及时发现乳房炎，防止交叉感染。

③新产牛监护——新产牛乳腺炎的发病率。

④体细胞的检测——及时掌握大罐体细胞数。

⑤干奶治疗。

（2）乳腺炎的治疗操作

①乳腺炎的检测。在每次挤奶前，所有牛只必须仔细验奶，进行乳房炎检测。当挤奶员发现牛奶异常时，应立即通知兽医并隔离奶牛，由兽医将乳房炎牛转入乳腺炎病牛栏，并立即进行治疗。

乳腺炎的判断标准见表3-13。

表3-13　乳腺炎的判断标准

等级	症状
1 级	牛奶变质（结块、多水等），但乳房无变化，奶牛未见全身症状
2 级	牛奶变质（结块，肿胀，多水），乳房充水/肿胀，但奶牛未见全身症状
3 级	牛奶变质（结块，肿胀，多水），乳房充水/肿胀，而且奶牛伴有全身症状

②乳房炎的治疗，见表3-14。

A.乳房炎治疗时必须佩戴一次性手套。治疗前必须将奶挤干净，注入药物时应先用酒精棉球彻底消毒后，再无菌注入药物，然后用药浴液消毒。

B.乳房炎治疗时应根据乳房炎状况选择药物，所用药物至少2种以上，乳房内一次性注射抗生素。

C.乳房炎治疗用药的更换选择，应根据乳腺炎治疗状况选择，如果乳腺炎状况得以好转应继续用药，若3次无好转应更换治疗药物和治疗方法。

表3-14 乳房炎的治疗

等级	治疗方法
1级	①彻底挤干净每个乳区内的奶 ②第一次治疗按药物规定用量的2倍用药 ③以后每次治疗按药物规定用量用药，直到牛奶恢复正常 ④在上次治疗后停止挤奶6小时以上
2级	①彻底挤干净每个乳区内的奶 ②第一次治疗按药物规定用量的2倍用药 ③以后每次治疗按药物规定用量用药，直到牛奶恢复正常 ④在上次治疗后停止挤奶6小时。根据病情考虑肌内注射抗生素及消炎针剂
3级	①彻底挤干净每个乳区内的奶 ② 第一次乳房内治疗按药物规定用量的2倍用药 ③以后每次治疗按药物规定用量用药，直到牛奶恢复正常 ④每天根据病情注射抗生素、消炎针剂和补液等辅助治疗 ⑤在上次治疗后停止挤奶6小时

（3）乳房炎牛的治愈和转群

①治愈的乳房炎牛，必须经过抗生素检测或根据药物弃奶期（48~96 小时），才可将其转入正常挤奶牛群。

②转群的乳房炎牛必须填写转牛单，不得遗漏。

③对于无治疗价值的乳房炎牛，应及时通知牧场经理处理。

（4）乳房炎牛群的管理

①将乳房炎牛单独分群。

②乳房炎牛舍必须干净、干燥、舒适。

③及时淘汰无治疗和饲养价值的牛只。

4）蹄病预防与治疗标准化

（1）蹄浴

①蹄浴时间控制。南方牧场冬天（10月至翌年3月）和北方牧场每周2次，南方牧场夏天（4～9月）每周3次。每次保证当日每个挤奶班次都进行蹄浴。特殊情况下增加蹄浴次数。

②蹄浴方式。回牛通道摆放自制蹄浴池，覆盖整个回牛通道。蹄浴池无棱角、不得对奶牛产生伤害。大小保证奶牛可以在其中能行走两步即可。蹄浴池不使用时必须搬离，不得影响奶牛行走。

③蹄浴液的配比。蹄浴液采用5%福尔马林液或硫酸铜液。每500头牛使用后更换一次新的蹄浴液，以确保蹄浴效果。

（2）修蹄

①定期修蹄（保健修蹄）。头胎牛保证干奶时每头牛进行一次定期修蹄，2胎以上牛保证2次定期修蹄（挤奶中期1次，干奶时1次）。定期修蹄由专业修蹄队和兽医共同承担。

②不定期修蹄。每日兽医员在巡圈时，对发现牧场内的蹄病严重奶牛、瘸牛进行修蹄。不定期的修蹄由牧场兽医员完成。

A. 瘸牛必须上修蹄台检查治疗，不得在不安全的状态下操纵奶牛。

B. 瘸牛治疗要求（已经不用甲醛和硫酸铜，也不提倡使用抗生素，有商用的护蹄膏可用）：

腐蹄病——护蹄膏治疗。

蹄疣——护蹄膏外附加包扎。

蹄部感染——蹄台清理创伤，根据情况确定是否使用护蹄膏。

损伤——隔离护理。

（3）蹄病保健的其他要求

①牛舍、挤奶厅和通道地面。奶牛通行的地面禁止使用裸钢板推铲推粪，以保证不损害牛舍地面。损坏的地面及时修理或铺设橡胶垫。牧场必须制作橡胶推粪铲。

②冰冻地面和危险区域。

A. 冰冻地面：冬季牛舍饮水区域和走道上必须及时采取清除冻冰工作。

B. 危险区域：凡是奶牛经过时会对奶牛产生危害的区域，如塌陷的地漏、墙上突出的尖利物品、损坏的门及卧床等，必须及时清除，杜绝隐患。

③牛群的操纵。粗暴对待奶牛及使牛群过度拥挤的操作都会造成严重的蹄病，因此，严禁粗暴操纵牛群和使牛群过度拥挤。

5）其他要求

（1）内脏损伤的预防　所有超过12月龄的奶牛必须及时瘤胃投放磁铁或磁笼。

（2）治疗记录　所有的治疗都要形成记录并及时准确地录入管理系统。

（3）日常规范化管理

①巡圈。牧场必须每日24小时有兽医专人巡圈，发现异常奶牛及时转入病牛舍，并填写相应的记录，下班后统一交给档案员，由档案员录入系统。

②治疗。

A.在病牛转入病牛舍后，必须立即开始诊断、治疗。

B.病牛舍的每头牛诊断、治疗工作必须责任到兽医员。兽医经理必须明确病牛舍内每头牛的发病、诊断、治疗情况。

C.诊断、治疗工作必须执行规范化操作，每日必须对病牛舍每头牛进行常规检查（呼吸、体温、脉搏、精神状况、粪便状况、采食情况等）。

D.将治愈奶牛，休药期过后立即转入原牛舍，并形成记录，报送给档案员。

4.牧场数据记录、信息管理标准化 目前，规模奶牛场都有可以直接运用的奶牛生产管理软件，信息录入后会直接给出分析报表，但原始记录是信息化管理的基础。

1）牛只耳牌管理 耳牌是我们直接能观察到的，便于实际生产工作的牛只标识卡。为了避免牧场出现单耳牌、无耳牌牛只，需加强耳牌管理。具体内容如下：

（1）泌乳牛、青年牛、育成牛耳牌 繁育部门负责管理。

（2）围产牛、干奶牛、病牛耳牌 兽医部门负责管理。

（3）犊牛耳牌 育种部负责管理。

（4）耳牌编码 奶牛档案员统一规划管理，繁育部、兽医部、育种部按照奶牛档案员规划的耳牌编码号段制作耳牌，各部门应建立耳牌管理台账以备查阅，耳牌制作样式必须符合畜牧公司相关制度规定。

①耳牌编码由各牧场档案员统一管理，并建立新耳牌号码对照台账。各牧场在组织人员更换耳牌时，严格依照台账进行后续编号，确保耳牌号码始终唯一。

②指派固定人员利用记号笔在空白耳牌上用特制模板书写牛耳牌编号，必须确保字迹清晰、工整，不褪色、掉色，数字字体工整。

③耳牌两面的字体须保持一致，字号大小、笔迹粗细要把握适度，尽可能占满耳牌，使得字号最大、字迹清晰，方便辨认。

（5）牛只耳牌检查 各部门应相互配合，经常巡查，及时发现单耳牌、无耳牌牛只，并及时通知相应责任部门处理，确保牧场耳牌管理井然有序。

2）原始数据采集 牧场所有数据的来源都是由各生产部门提供的原始数据进行汇总而来的，准确的原始数据给牧场的生产经营提供数据依据。可列出详细的记录表格分门别类地记录并录入管理系统，需档案员认真核对，保证数据录入的准确性。

四、奶牛品种标准化

（一）优良奶牛品种的选择

1. 优良奶牛的选择　奶牛生产性能的表现是由其先天遗传和外界环境条件共同作用的结果，遗传是决定因素，如果遗传基础不好，饲养管理条件很好，也不会表现出很高的生产性能，因此，通过奶牛的品种、血统、生产性能等方面的选择育种，是育出健康、高产、长寿等经济价值高的优良个体和群体的前提。

1）品种要好　对奶牛的选择，首先要选好的品种，品种好的奶牛有良好的遗传性，在好的饲养管理条件下，能发挥好的生产性能。现在乳用牛品种很多，目前多认为最好的奶牛品种是荷斯坦牛，我国绝大多数专业奶牛场的奶牛品种是中国荷斯坦牛。

2）血统要纯　同是中国荷斯坦牛，来自不同奶牛个体的后代，其生产性能、体型、外貌等差异很大，不论是买牛或是选留奶牛，都要特别注意看谱系、查血统，要选亲代和祖代产奶性能、繁殖性能、体型外貌都好，利用年限长的奶牛。

3）生产性能要好　奶牛的生产性能主要包括产奶量和乳脂率，产奶量能反映奶牛的实际泌乳能力，也是奶牛最主要的经济性状；而乳脂率是评定牛奶品质的一项重要指标。由于奶牛产奶量的遗传力不高（约0.3），受外界环境的影响较大，在选择比较产奶量时，应考虑饲养管理因素，最好是在同一季节内产犊，并在相似的饲养管理条件下的母牛间进行比较。此外，还应考虑母牛的年龄、胎次及健康等因素。奶牛不同胎次的产奶量是不一样的，在较好的饲养管理条件下，中国荷斯坦牛的产奶量以第五胎为最高，第二胎比第一胎上升12%~18%；第三胎比第二胎上升8%~12%；第四胎比第三胎上升5%~8%；第五胎比第四胎上升2%~5%；第六胎后开始逐胎下降。泌乳期过短的牛（指未到305天就自动停奶的牛）也不宜选留。乳脂率的遗传力较高（约0.6），通过选择，可以提高牛奶中乳脂的含量，中国荷斯坦牛乳脂率通常为3%~4%。奶牛的产奶量与乳脂率之间存在一种负相关关系，因此在选择产奶量的同时，也应注意对乳脂率的选择生产性。

4）体型外貌要好　体型外貌是奶牛体质的外表形态，在一定程度上反映着奶牛内部机能、生产性能和健康状况，因此可根据其体型外貌来判断其生产力的类型和性质，在购牛或选种时要选择体型外貌等级高的奶牛。母牛外貌鉴定评分见表4-1。

表4-1　母牛外貌鉴定评分表

项　目	细目与评满分要求	标准分（分）
一般外貌与乳用特征	头、颈、鬐甲、后大腿等部位棱角和轮廓明显	15
	皮肤薄而有弹性，毛细而有光泽	5
	体高大面结实，各部结构匀称，结合良好	5
	毛色黑白花，界线分明	5
	小计	30
体躯	长、宽、深	5
	肋骨间距宽，长而开张	5
	背腰平直	5
	腹大而不下垂	5
	尻部长、平、宽	5
	小计	25
泌乳系统	乳房形状好，向前、后伸延，附着紧凑	12
	乳房质地：乳腺发达，柔软而有弹性	6
	四乳区，前乳区中等长，4个乳区匀称，后乳区高、宽而圆，乳镜宽	6
	乳头：大小适中，垂直成柱形，间距匀称	3
	乳静脉：弯曲而明显，乳头大，乳房静脉明显	3
	小计	30
肢蹄	前肢：结实，肢势良好，关节明显，蹄形正，蹄质坚实，蹄底呈圆形	5
	后肢：结实，肢势良好，左右两肢间宽，系部有力，蹄形正，蹄质坚实，蹄底呈圆形	10
	小计	15
总　计		100

2. 体况评分　奶牛体况评分是指奶牛皮下脂肪的相对沉积，它是提高产奶量和繁殖效率，并同时降低代谢性疾病和围产期疾病的重要的管理工具。为了测定这部

分的皮下脂肪，目前采用5分制评定系统。

1）奶牛体况评分的方法

（1）奶牛体况评分的指标　奶牛体况通常是根据目测和触摸尾根、尻角、腰角、脊柱及肋骨等关键骨骼部位（图4-1）。对奶牛的皮下脂肪堆积情况进行的直观评分。主要的部位有髋骨（髋结节）、臀角（坐骨结节）和尾根。另外，腰椎上的脂肪（或肌肉）量也被用作评分指标（有时要考虑被毛光泽及顺逆、腹部的凹陷度）。评分范围从1分（极瘦）到5分（极胖）。

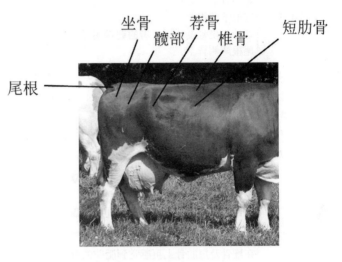

图4-1　奶牛评分部位

（2）奶牛体况评分的要点

①观察奶牛整个躯体的大小、全貌、肋骨的显现程度和开张程度，背线、腰角、坐骨及尾根等部位的肥瘦程度。

②用手触摸或按压以下各部位。

A.肋骨。用拇指和食指掐捏肋骨，检查肋肌的丰满程度。

B.背线。用手掌在牛的肩、背、臀（尻）部移动按压，以测定其肥胖程度。

C.腰角和坐骨。用手指和掌心掐捏腰椎横突，触摸腰角和臀角。如肉膘丰厚，则不易触摸到骨骼。

D.尾根。如过瘦，尾椎与坐骨间的凹陷非常明显。

3.奶牛体况评分的标准　体况评分见表4-2。

表4-2　体况评分说明表

体况评分	评分标准	备注
1.0分	脊椎骨明显，根根可见 短肋骨均可见 髋部下凹特别深 荐骨、坐骨及联接二者的韧带显而易见 尾根下凹	奶牛太瘦，没有可利用的体脂贮存来满足其需要

体况评分	评分标准	备注
2.0 分	脊椎骨突出，但并非根根可见 短肋骨清晰易数 髋部下凹很深 荐骨、坐骨及联接二者的韧带明显突出 尾根两侧皆空	有可能从这些奶牛身上获取充分的产奶量，但是缺少体脂贮存
2.5 分	脊椎骨丰满，看不到单根骨头 椎骨可见 短肋骨上覆盖有 1.5~2.5 厘米的体组织 肋骨边缘丰满 荐骨及坐骨可见但结实 联接荐骨及坐骨的韧带结实并清晰易见 髋部看上去较深 尾骨两侧下凹，但尾根上已开始覆盖脂肪	这是理想的体况，这些奶牛在大多数产奶阶段都是健康的
3.5 分	在椎骨及短肋骨上可感觉到脂肪的存在 联接荐骨及坐骨的韧带上脂肪明显 荐骨及坐骨丰满 尾根两侧丰满 联接荐骨及坐骨的韧带结实	这是奶牛理想体况评分的上限，体况评分再高一点就该归入肥牛行列。3.5 分是后备牛产犊时及干奶时理想体况
4.5 分	看不到单根短肋骨，只有通过用力下压时才能感觉到短肋骨 背部"结实多肉" 荐骨及坐骨非常丰满，脂肪堆积明显 尾根两侧显著丰满，皮肤无皱褶	这是奶牛身体上脂肪太多

1）奶牛体况评分

（1）奶牛体况评分 1 分　极度消瘦，摸上去肋骨末段锋利，腰部凹陷非常明显；牛体脊椎区分明显，腰角和臀角锋利；髋部和大腿部位内凹；肛门部位收缩，阴户明显凸起（图 4-2）。

（2）奶牛体况评分 2 分　仍较瘦，短肋末端能摸到；个体脊椎骨区分不是非常明显，短肋部位并没有形成明显的凹陷；腰

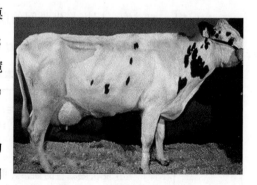

图 4-2　奶牛体况评分 1 分

图4-3 奶牛体况评分2分

图4-4 奶牛体况评分3分

图4-5 奶牛体况评分4分

图4-6 奶牛体况评分5分

角和臀角凸起，但髋部凹陷不是十分严重，阴户凸出不明显（图4-3）。

（3）奶牛体况评分3分 奶牛处在平均体膘，轻轻压一下能摸到短肋，这些骨骼之间的碗状凹陷消失，脊柱圆滑，臀角也圆滑。肛门部位没有明显的脂肪沉积（图4-4）。

（4）奶牛体况评分4分 奶牛偏肥，只有重重压下去时才可摸到短肋，整头奶牛圆滑，没有凹陷，在腰部至臀部脊柱有大量脂肪沉积；前背圆滑，腰骨也较圆滑，腰骨间部位沉积大量的脂肪，臀角部位也有沉积脂肪（图4-5）。

（5）奶牛体况评分5分 肥牛，背线、腰角、臀角和短肋部位的骨骼无法看清，在尾根和短肋脂肪明显沉积；大腿曲线向外，前胸、胁部比较粗重，前背圆（图4-6）。

3）奶牛体况评分注意事项

（1）奶牛的体况理想评分

在一个管理良好的奶牛场，少于10%的奶牛的体况在上述范围之外。理想的体况可以使奶牛在泌乳早期即使处在能量负平衡状态，仍能达到较高的高峰产量。体况良好的奶牛能保持正常的新陈代谢，因而减少了代谢疾病的发病率。为了确保奶牛在产犊时处在良好的健康状况，我们管理的目标为：奶牛在干奶时就达到理想的体况评分（3.5），那么干奶期就主要关注体况恒定、乳腺系统的收缩及复原、胎儿的良好生长。奶牛各阶段理想评分表见表4-3。

表4-3　奶牛各阶段理想评分表

泌乳阶段	理想的评分	范围
干奶期	3.5	3.25～3.75
产犊	3.5	3.25～3.75
泌乳早期	3.0	2.5～3.25
泌乳中期	3.25	2.75～3.25
泌乳晚期	3.5	3.0～3.50
生长发育的青年牛	3.0	2.75～3.25
青年牛产犊时	3.5	3.25～3.75

（2）奶牛体况异常

①体况评分过低（小于3.0）。偏瘦的奶牛没有足够的能量储备以备有效的繁殖和泌乳。

②产犊时过于肥胖（大于4.0）。经常导致奶牛采食量下降，并易在产犊时出现代谢疾病（如酮病、皱胃移位、难产、胎衣不下、子宫内膜炎和卵巢囊肿）。

③奶牛体况评分的时间。为了跟踪奶牛体况变化，应该对奶牛体况每月评定一次。理想的话，产后30天内，80%奶牛的体况评分的下降幅度不应超过0.5~1.0分。如果在泌乳早期奶牛体况下降过大（如大于1.0），则不利于奶牛的健康，并会导致繁殖效率低下及泌乳高峰产奶量不高。

当成母牛不再处在能量负平衡（产后50~60天）时，将每周增重2~2.5千克，要使奶牛体况完全恢复，大约需6个月时间。头胎奶牛，由于仍处在生长发育阶段，因而需额外增重14~18千克（注：1分体况评分≈55千克体重）。

4）智能评分　传统体况评分是依靠经验丰富的养殖人员，以肉眼观察和触摸的方法对动物个体状态进行相应判断，为了克服传统方式中主观判断产生的误差，以及避免动物应激状态中行为的不确定性，在过去几十年里，科学工作者通过不断改进图像信息技术，可以得到更加客观真实的数据资料。国内外已开发出一些相关软件，但误差较大。随着智能技术的发展，会有越来越精确的软件应用于实际生产。

（二）奶牛繁育标准化

1. 繁育操作标准化

1）参配标准

（1）育成牛　体高达到 130 厘米以上。

（2）头胎牛　在产后 60 天开始配种。

（3）二胎或二胎以上牛　产后 55 天开始配种。

备注：参配牛群及发情辅助手段——产后 30~150 天牛群，使用喷漆、蜡笔等方法进行标记。

2）牛群分群原则（依据《规模化牧场牛群管理及饲养操作标准化》执行）

（1）按体格分　体格大小一致的同群。

（2）按是否参配分　参配牛同群。

（3）按是否怀孕分　怀孕牛同群。

备注：每圈牛头数要小于牛颈枷数确保同圈牛能够同时采食。

3）发情观察

☞ 奶牛产后 30 天开始发情观察，记录发情牛号，录入电脑。

☞ 必须进行 24 小时发情观察，并记录发情牛牛号。

☞ 尽可能记录发情牛的第一次爬跨时间（同时也要知道发情结束时间以及发情持续时间等），有利于输精时间的准确推算和适时配种。

☞ 对于发情不明显的牛要进行跟踪观察，并借助发情观察辅助手段，综合后确定是否配种。

☞ 对配种后的牛要进行 24 小时跟踪观察，配种后 12 小时仍在发情的牛要进行补配。

☞ 每天进行发情观察的同时要记录有炎性分泌物的牛，必要时及时治疗。

☞ 每天进行发情观察的同时对流产牛做详细记录，如：是否见胎、在胎天数、下次发情是否能配种、是否胎衣不下等信息并填写在每日事件报告单或流产牛记录表。

☞ 发情观察时做到安静、轻柔。在圈舍或运动场进行观察。

4）输精操作

（1）冻精、液氮罐的保存

①牧场在冻精到货时，每批次均必须检测冻精活力（显微镜检测）及冻精数量梳理。在验收报告中必须体现抽检、数量等情况。

②精液必须存放在液氮液面距离罐口小于16厘米的生物容器内。

③运输罐每班次检查1次，贮存罐每5天检查1次，每次必须加满。冻精出入库必专人负责。

④做好液氮罐标记（编号），液氮罐不允许直接接触地面，必须铺垫橡胶垫或木板，防止磨损。

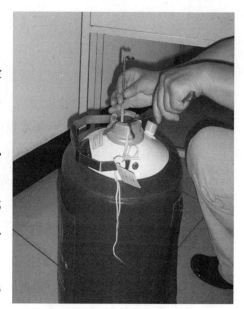

图4-7　取冻精

⑤激素类药品必须按使用说明要求严格储存。

（2）冻精解冻标准

①精液解冻要在现场操作，从罐里提取精液时提桶的顶端提取高度要低于白线。

②取冻精时要使用长镊子夹取精液细管。5秒内未能取出时重新放入液氮中，30秒后再次夹取（图4-7）。

③解冻水温35~37℃，要求必须使用两个不同厂家的温度计。

④解冻时间45秒。

⑤用纸巾摩擦输精枪（温度低于35℃），同时用纸巾包住枪头保证温度。

⑥取出解冻好的精液用卫生纸擦净细管上的水，细管切口必须平直。

⑦解冻过程避免阳光照射，并确保解冻好的枪不受污染，3分内完成输精。

（3）输精操作标准化

①输精时间为首次站立发情开始后8~12小时。

②输精部位：子宫体（在子宫角和子宫颈的连接处1~2厘米，图4-8）。

③插枪时一定要缓慢，以免损伤子宫黏膜造成出血，因为血液会杀死精子。输精操作原则：慢插、轻推、缓出，防止精液倒流或回吸。

④输精后仍持续爬跨10~12小时的用同一头公牛精液再次输精（补配），而在48小时内不计配种次数。

（4）精液使用过程中的注意事项

①每次新到的精液必须将公牛系谱录入电脑。

②每批次同一公牛号精液必须使用显微镜感官检测活力，并形成检测报告。

③一段时间内不能只使用同一公牛精液。

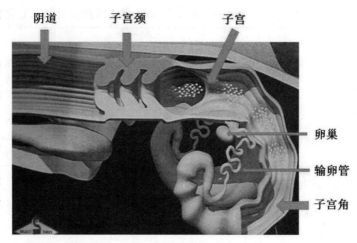

图 4-8　输精部位

④密切关注每一种精液在配种后 30 天内的返情率。

（5）性控冻精使用注意事项

①只用于青年母牛的前两次配种，成年母牛根据公司要求可选择性使用。

②参配牛的准确稳爬时间一定要严格掌握。

③根据牛只的实际状态（安静或卧下）及稳爬时间确定输精时间。

④一般静立发情 14~16 小时输精。

⑤输精部位：子宫体。

（6）配种记录　每次操作必须及时、详细录入管理系统。

4）妊检

☞根据记录，要求牧场对配种后 50 天以上未返情牛进行初检。对初检后 120~150 天的妊娠牛只进行复检，每月 20~22 日完成。妊娠母牛各月生殖器官及胎儿变化情况，见表 4-4。

☞妊检每周进行 1 次，妊检后对未怀孕的牛只及时治疗处理，要求育种部门按照周计划表开展各项固定工作，见表 4-5。

表4-4　妊娠母牛各月生殖器官及胎儿变化情况

时期	卵巢	子宫角							胎儿	子宫颈	子宫中动脉
		位置	收缩反应	粗细	质地	子叶	角间沟	两角对称			
未妊	常一侧因有黄体而较大	骨盆腔内或耻骨前缘	触摸时可引起收缩	拇指粗	柔软	感觉不到	清楚	对称,经产牛有时一侧稍大	无	骨盆腔内	麦秆粗
妊娠1个月	孕侧较大,有黄体	骨盆腔内或耻骨前缘	孕侧不收缩或收缩弱,空角收缩	稍粗	松软有波动	感觉不到	清楚	略不对称	摸不到	骨盆腔内	麦秆粗
2个月	孕侧较大,有黄体	耻骨前缘下	孕侧不收缩或收缩弱,空角收缩	角增粗约1倍	孕角薄软有波动	感觉不到	已不清楚	显著不对称	摸不到	骨盆腔内	孕侧增粗1倍
3个月	孕侧较大,有黄体	同上或腹腔内	无收缩	明显增粗	薄软有波动	有时候可摸到,如黄豆大	消失	显著不对称	有时可摸到	耻骨前缘	增粗2~3倍,有时可摸到特异搏动
4个月	常只能摸到非孕侧卵巢	腹腔内	无收缩	囊状	薄软有波动	可摸到,如卵巢大	消失	范围已不能完全摸到	有时部分摸到	耻骨前缘下,较粗,斜向前下方	特异搏动清楚,如筷子粗
5个月	不能摸到	沉入腹腔	—	—	薄软有波动	体积更大	—	—	可部分摸到或摸不到	耻骨前下方垂直向下	铅笔粗
6个月	—	沉入腹腔	—	—	薄软有波动	鸽蛋大	—	—	有时可摸到	耻骨前缘下	非孕侧开始有微弱特异搏动
7个月	—	沉入腹腔	—	—	薄软有波动	鸽蛋大	—	—	可以摸到	耻骨前缘前下方	孕侧呈小指粗,非孕侧搏动明显
8个月	—	沉入腹腔	—	—	薄软有波动	鸡蛋大	—	—	可以摸到	耻骨前缘前下方	孕侧呈小指粗,非孕侧搏动明显
9个月	—	部分升入骨盆腔	—	—	薄软有波动	鸡蛋大	—	—	部分进入骨盆腔	骨盆腔内	食指粗

表4-5　妊娠检查周计划表

序号	时间	工作地点	工作内容及目标
1	周一	青年牛待检牛舍	青年牛孕检并转群 例会培训
2	周二	泌乳牛待检牛舍	成年母牛孕检并转群 对新产牛做产后护理
3	周三	泌乳牛舍/青年牛育成牛舍	产后保健3针PG处理 责任牛群耳标补换工作
4	周四	泌乳牛舍	处理青年牛繁殖障碍疾病
5	周五	泌乳牛舍	处理成母牛繁殖障碍牛 对新产牛子宫净化处理
6	周六	泌乳牛舍	对超过预产期的牛只进行检查 责任牛群混群的处理
7	周日	青年牛、成年母牛舍	报表的整理

☞ 繁育指标标准化　每周孕检目标见表4-6。

表4-6　每周孕检目标

检查对象	检查目标
青年牛	普精情期受胎率≥65%，性控情期受胎率≥50%
成母牛	情期受胎率≥45%
青年牛	空怀率≤2%（月度空怀率大于2%，说明育种巡栏存在问题）
挤奶牛	空怀率≤4%（月度空怀率大于4%，说明育种巡栏存在问题）

2. 繁殖方案

1）妊检空怀的牛及时采取催情方案　前列腺素催情法：妊检确认空怀的牛及时注射前列腺素催情，催情后有发情表现的牛及时配种。催情后仍无发情表现的牛采用同期发情处理或定时配种程序。

2）定时配种程序

①对促性腺激素释放激素处理牛后第七天时颈部肌内注射5毫升律胎素（氨基丁三醇前列腺素）或前列烯醇，如发情则进行配种。

②按以上方法处理48小时后仍未发情需注射100微克促性腺激素释放激素，16小时后实施配种。

3）产后牛律胎素处理规定

①第一针，所有产后29~35天未见发情牛肌内注射5毫升。

②第二针，所有产后43~49天未见发情牛肌内注射5毫升。

③第三针，所有产后57~63天未见发情牛肌内注射5毫升（已配种的不注射）。

备注：发情后10日内的牛不进行注射。

3.卵巢疾病诊断和治疗

1）卵巢静止

（1）诊断　对产后85天仍未参加配种的牛定义为繁殖障碍牛，每周五对全群产后85天以上未发情和初检未孕牛进行直肠检查，确诊子宫炎的牛进行对症治疗。对长期不发情牛通过直肠检查触摸卵巢大小，形态及质地，如摸不到卵泡或黄体且卵巢体积比正常小，直径在2厘米以内时可判断为卵巢静止。

（2）治疗　对确诊为卵巢静止牛，颈部肌内注射100微克促性腺激素释放激素（GnRH），同时阴道内放一枚孕酮缓释剂（CIDR），用药1周后再次通过直肠检查卵巢，如果卵巢上形成黄体就取出孕酮缓释剂，同时颈部肌内注射前列腺素，如卵巢上没有形成黄体时，上周放的孕酮缓释剂不取出，再放1周，等到1周后取出孕酮缓释剂的同时肌内注射前列腺素，发情后正常配种，没有发情的在后48小时再注射100微克促性腺激素释放激素，16~18小时后进行定时输精。

2）持久黄体

（1）诊断　发情周期停止或发情后过了1个或2个发情周期不再发情，通过直肠检查能够摸到与妊娠黄体或发情周期黄体没有区别的黄体或稍微硬点的黄体，这种超出正常周期长期存在且保持正常功能的黄体称为持久黄体。

（2）治疗　对患有持久黄体的牛颈部肌内注射前列腺素。发情后正常配种。

3）卵巢囊肿

（1）诊断　包括黄体囊肿和卵泡囊肿。卵泡囊肿壁较薄触摸液体感明显，呈单个或多个存在于一侧或两侧卵巢上，一般表现无规律、长时间或连续性的发情。黄体囊肿一般为单个存在于一侧卵巢上，壁较厚。两种结构均为卵泡未能排卵引起。卵巢囊肿直径一般3厘米以上（图4-9）。

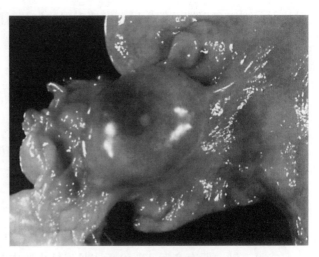

图4-9　卵巢囊肿

（2）治疗　对卵巢囊肿牛颈部肌内注射 200 微克促性腺激素释放激素（用 0.9% 生理盐水稀释至 2 毫升）同时阴道内放一枚孕酮缓释剂，用药 1 周后再次通过直肠检查卵巢，如果卵巢囊肿发生黄体化就取出孕酮缓释剂，同时颈部肌内注射前列腺素，如卵巢囊肿没有萎缩形成黄体时上周放的孕酮缓释剂不取同时颈部肌内注射 100 微克促性腺激素释放激素，等到 1 周后取出孕酮缓释剂的同时颈部肌内注射前列腺素，发情后配种。

4）子宫未恢复（产后 60 天以上的牛）

（1）诊断　直肠检查感觉到子宫角比正常子宫角粗，子宫壁增厚，弹性减弱，收缩反应弱，子宫体宽度 5 厘米以上。平日里发情观察时就能够看到有一部分子宫未恢复牛，从阴道中排出一些脓性分泌物。

（2）治疗　对于子宫未恢复牛严重时直接肌内注射前列腺素，促进子宫的收缩和发情。不严重的等到自然发情后或发情当天子宫内灌注 25 毫升清宫促孕液或宫净油，然后每隔 3 天子宫内灌注 50 毫升宫净油。

备注：先天性生殖器官发育不全、畸形、卵巢发育不全的牛，淘汰处理。

（三）奶牛品种

在全世界范围内，专门化的乳用品种相对较少，主要有中国荷斯坦牛、娟姗牛、更赛牛、爱尔夏牛等，也有乳肉兼用的品种，如西门塔尔牛，其中饲养量最多的是荷斯坦牛。

1. 中国荷斯坦牛　中国荷斯坦牛原名中国黑白花奶牛，1987 年通过国家品种鉴定验收，它的育成，不仅改变了我国奶牛生产长期处于落后的状况，同时对我国奶牛业的发展也起到重要的促进作用。1992 年更名为中国荷斯坦牛。

1）外貌特征　中国荷斯坦牛的外貌特征与世界各国的荷斯坦牛并无多大差别，多具有明显的乳用特征（有少数个体稍偏兼用型）。毛色多呈黑白花，花片分明。额部有白斑，腹底部、四肢腕、跗关节（飞节）以下及尾端呈白色。体质细致结实，体躯结构匀称，泌乳系统发育良好，乳房附着良好，质地柔软，乳静脉明显，乳头大小、分布适中。姿势端正,蹄质坚实。有角，多数由两侧向前向内弯曲,角体淡黄或灰白色，角尖黑色。其体尺、体重见表 4-7。

表4-7 中国荷斯坦牛的体尺、体重

性 别	体高（厘米）	体斜长（厘米）	胸围（厘米）	管围（厘米）	体重（千克）
公	150 ~ 175	190 ~ 210	220 ~ 235	22 ~ 23	900 ~ 1 200
母	135 ~ 155	165 ~ 175	185 ~ 200	18 ~ 20	550 ~ 750

2）生产性能

（1）产奶性能 中国荷斯坦牛305天泌乳量为（7 965±1 398）千克，乳脂率3.81%±0.57%，乳蛋白率3.15%±0.39%。在饲养条件较好、育种水平较高的规模奶牛场，全群平均产奶量已超过8 000千克，部分已经超过10 000千克。

（2）产肉性能 据测定，未经育肥的淘汰母牛屠宰率为49.5% ~ 63.5%，净肉率为40.3% ~ 44.4%；6月龄、9月龄和12月龄牛屠宰率分别为44.2%、56.7%和64.3%；经育肥的24月龄公牛的屠宰率为57%，净肉率为43.2%。

（3）繁殖性能 中国荷斯坦牛性成熟早，具有良好的繁殖性能，年平均受胎率为88.8%，情期受胎率为48.9%。

3）选育方向 中国荷斯坦牛目前的数量已经超过了1 000万头，但生产性能各地有较大的差异，生产水平与奶业发达国家比较差距较大。因此，我国应在改善牛的饲养管理的同时，进一步加强该牛的选育工作，培育高产核心群，扩大体质结实、外貌结构好、适应性强、利用年限长、遗传性稳定的牛群比例，也可以个性化培育乳脂率高、乳蛋白高或高繁殖率的奶牛。

2. 娟姗牛 娟姗牛原产于英吉利海峡南端的娟姗岛，是英国的一个古老的奶牛品种，具有性情温驯、体型轻小、高乳脂率等特点。

1）外貌特征 娟姗牛为小型的乳用型牛，体型清秀，轮廓清晰。头短而轻，两眼间距宽，额部凹陷，耳大而薄；角中等大小，琥珀色，角尖黑，向前弯曲。颈细小，有皱褶，颈垂发达；鬐甲狭窄，肩直立，胸浅，背腰平直，腹围大，尻长、平、宽。后躯较前躯发达，呈楔形。尾帚细长，四肢较细，关节明显，蹄小。乳房发育匀称，形状美观，质地柔软，乳静脉粗大而弯曲，乳头略小；全身肌肉清瘦，皮肤薄。

被毛细短而有光泽，毛色有灰褐、浅褐及深褐色，以浅褐色为最多。鼻镜及舌为黑色。嘴、眼周围有浅色毛环。尾帚为黑色。

娟姗牛体格小，成年公牛体重为650 ~ 750千克，母牛为340 ~ 450千克。犊牛初生重为23 ~ 27千克。成年母牛体高113.5厘米，体长133厘米，胸围154厘米，管围 15 厘米。

2）生产性能　娟姗牛一般年产奶量在 3 500 ～ 4 000 千克。美国 1980 年代记录的娟姗牛产奶量为 4 500 千克左右。丹麦 1986 年有产奶记录的 10.3 万头娟姗母牛平均产奶量为 4 676 千克。

娟姗牛所产奶的最大特点是乳质浓厚，乳脂率为 5.5% ～ 6.0%。乳脂肪球大，易于分离，乳脂黄色，风味好，适于制作黄油。其鲜乳及乳制品备受欢迎。

娟姗牛性成熟早，通常在 24 月龄产犊。娟姗牛还具有耐热性和抗病力强的特点。

3. 西门塔尔牛　西门塔尔牛原名红花牛，原产于瑞士西部的阿尔卑斯山区的河谷地带。西门塔尔牛具有适应性强，耐高寒，耐粗饲，寿命长，产奶、产肉性能高等特点。

1）体型外貌　毛色多为黄白花或淡红白花，一般为白头，身躯常有白色胸带和肷带，腹部、四肢下部、尾帚为白色。体格粗壮结实，前躯较后躯发育好，胸深、腰宽、体长、尻部长宽平直，体躯呈圆筒状，肌肉丰满，四肢结实，乳房发育中等。肉乳兼用型西门塔尔牛多数无白色的胸带和肷带，颈部被毛密集且多卷曲。胸部宽深，后躯肌肉发达。

成年公牛体重 1 100 ～ 1 300 千克，母牛 670 ～ 800 千克。成年公牛的体高、体长、胸围和管围分别为 147.3 厘米、179.7 厘米、225.0 厘米、24.4 厘米，母牛为 133.6 厘米、156.6 厘米、187.2 厘米。

2）生产性能　西门塔尔牛属于乳肉兼用大型品种。但有些国家已向大型肉用方向发展，逐渐形成了肉乳兼用品系，如加拿大的西门塔尔牛就属于肉乳兼用型，又称加系西门塔尔牛。西门塔尔牛肌肉发达，产肉性能良好。12 月龄体重可以达到 454 千克。公牛经育肥后，屠宰率可以达到 65%。在半育肥状态下，一般母牛的屠宰率为 53%~55%。胴体瘦肉多，脂肪少，且分布均匀。

泌乳期产奶量 3 500 ～ 4 500 千克，乳脂率 3.64% ～ 4.13%。肉乳兼用型西门塔尔牛产奶量稍低。西门塔尔牛的产奶性能比肉用性高得多，而且产肉性能也不亚于专门化的肉牛品种。

3）杂交改良效果　西门塔尔牛是一个对我国黄牛影响比较大的外国牛种，在我国北方许多地区都利用该牛改良当地的黄牛，并取得了比较理想的结果。杂种牛外貌特征趋向父本，额部有白斑或白星，胸深加大，后躯发达，肌肉丰满，四肢粗壮，牛的生长速度、育肥效果和屠宰性能较我国地方黄牛品种均有较大幅度提高，产奶性能也有较大改进。

用西门塔尔改良黄牛而形成的下一代杂种母牛有很好的哺乳能力，能哺育出生长快的杂交犊牛，是下一轮杂交的良好母系。在国外这一品种牛既作为"终端"杂交的父系品种，又可作为配套系母系的一个多功能品种。

4. 其他奶牛品种和兼用牛品种 其他奶牛品种爱尔夏牛、更赛牛、三河牛、中国草原红牛、新疆褐牛的特征、特性简介见表4-8。

表4-8 其他奶牛品种和兼用品种的特征、特性简介

品种名称	原产地	外貌特征	体尺体重	生产性能
爱尔夏牛	英国苏格兰的爱尔夏郡	毛色为红白色花片或棕白色花片	成年公牛体重680～900千克，母牛体重550～600千克，公犊牛和母犊牛初生重分别为35千克和32千克	305天产奶量4 500千克，乳脂率4.1%。美国爱尔夏登记牛年平均产奶量为5 448千克，乳脂率3.9%
更赛牛	英国	被毛多为棕褐色或浅黄色，也有浅褐色个体	成年公牛体重750千克母牛体重500千克；犊牛初生重27～35千克	1992年美国更赛牛登记平均产奶量为6 659千克，乳脂率为4.5%，乳蛋白率为3.5%
三河牛	内蒙古额尔古纳市三河地区及呼伦贝尔市境内	毛色为红（黄）白花，花片分明；乳房大小中等	成年公牛体重700～1 100千克，体高152.4厘米；母牛体重579千克，体高137厘米	屠宰率55%左右；305天平均产奶量5 105千克，乳脂率4.1%
中国草原红牛	吉林、内蒙古和河北部分地区	全身被毛为深红色或红色，体格中等，母牛乳房发育良好	成年公牛体重850～1 000千克，体高140～155厘米；母牛体重485千克，体高122厘米	屠宰率56.9%；产奶量1 400～2 000千克，平均乳脂率4.1%
新疆褐牛	新疆伊犁河谷及塔额盆地	毛色以褐色为主，浅褐或深褐色的较少。多数个体有白色或黄色的口轮和背线。体格中等，母牛乳房发育良好	成年公牛体重650~900千克，母牛体重450~550千克，公犊牛和母犊牛出生重分别为36千克和30千克	屠宰率52.5%，305天产奶4 000千克，乳脂率4.5%以上，乳蛋白率4.0%以上

五、奶牛饲料与饲养管理标准化

（一）饲料的标准化

1. 奶牛的饲料类型与特性

1）饲料种类及其特性

（1）青饲料　指含水量 60% 以上的青绿多汁的植物性饲料，适口性好，营养丰富，是牛的理想饲料。青饲料的特点是水分含量高，干物质少，蛋白质含量较高。

①常见青饲料及其利用。

A. 天然牧草。主要有禾本科、豆科、菊科和莎草科 4 大类。这 4 类牧草干物质中无氮浸出物含量在 40% ～ 50%；粗蛋白质含量稍有差异，粗纤维含量以禾本科牧草较高；矿物质中一般都是钙高于磷，比例恰当。豆科牧草的营养价值较高，虽然禾本科牧草的粗纤维含量较高，但由于其适口性较好，特别是在生长初期，幼嫩可口，采食量高，也是牛的优良牧草。

B. 栽培牧草和青饲作物。

a. 豆科牧草。紫花苜蓿在我国种植面积最广，草木樨在西北作为水土保持植物也有大面积的种植；其他如紫云英、苕子、沙打旺、三叶草等既可作饲料又是绿肥植物，见表5-1。

表5-1　豆科牧草的营养价值

饲料	干物质（%）	产奶净能（兆焦 / 千克）	粗蛋白质（%）	粗纤维（%）	钙（%）	磷（%）
紫花苜蓿	22.7	5.4 ～ 6.3	22.9	26	2.56	0.31
草木樨	16.4	4.18	3.8	4.2	0.22	0.06
紫云英	13	6.7	22.3	19.2	1.38	0.53

饲料	干物质（%）	产奶净能（兆焦／千克）	粗蛋白质（%）	粗纤维（%）	钙（%）	磷（%）
苕子	16.8	6.36	25.6	25	1.44	0.24
沙打旺	25	6.24	15.1	38.4	1.34	0.34
三叶草	19.7	6.28	16.8	28.9	1.32	0.33

b. 禾本科牧草与青饲作物。主要有黑麦草、大麦、燕麦、青刈玉米、苏丹草、羊草等，见表5-2。黑麦草生长快，分蘖多，一年可多次收割，产量高，茎叶柔嫩光滑，适口性好，以开花前期的营养价值最高，可青饲、放牧或调制干草。

表5-2　禾本科青草和青饲作物的饲用价值

饲料	干物质（%）	产奶净能（兆焦／千克）	粗蛋白质（%）	粗纤维（%）	钙（%）	磷（%）
黑麦草	17	1.26	2.0	25	0.78	0.25
大麦	27.9	5.82	6.5	27.2	1.31	0.6
燕麦	19.7	6.41	14.7	27.4	0.56	0.36
青刈玉米	17.6	5.57	8.5	33	0.51	0.28
苏丹草	19.7	5.61	8.6	31.5	0.46	0.15
羊草	28.64	—	14.82	34.92	0.48	0.38

c. 叶菜类及其他饲料　这类饲料主要包括叶菜类，水生饲料以及农副产品，如聚合草、花生秧、甘蔗梢、甜菜叶、马铃薯秧等，见表5-3。这类饲料水分含量较高，嫩叶菜和水生青饲料的干物质含量不足10%，营养价值有限，要控制用量。另外，此类饲料中的蛋白质大部分为非蛋白氮，能量不足，因此要新鲜饲喂，防止叶菜类饲料堆放过程中产生亚硝酸盐过多引起中毒。

表5-3　叶菜类及其他饲料的饲用价值

饲料	干物质（%）	产奶净能（兆焦／千克）	粗蛋白质（%）	粗纤维（%）	钙（%）	磷（%）
聚合草	11.8	—	17.8	11.9	2.37	0.08
花生秧	29.3	5.03	15.4	21.2	2.15	0.81
甘蔗梢	24.6	4.69	6.1	31.6	0.28	0.41
甜菜叶	11	6.36	24.5	10	0.55	0.09
马铃薯秧	15	3.96	24	20	1.5	0.4

（2）粗饲料　是指高纤维成分的植物茎叶部分。目前常用粗饲料有青贮饲料、青干草和秸秆饲料。粗饲料的一般特征是体积大，纤维含量高，蛋白质的含量差异大，粗饲料中钙、钾和微量元素高，但磷含量低于动物需求量。

①青贮饲料。常用青贮饲料的营养价值见表5-4。

表5-4 常用青贮饲料的营养成分

饲料	干物质（%）	产奶净能（兆焦/千克）	奶牛能量单位	粗蛋白质（%）	粗纤维（%）	钙（%）	磷（%）
青贮玉米	29.2	5.03	1.60	5.5	31.5	0.31	0.27
青贮苜蓿	33.7	4.82	1.53	15.7	38.4	1.48	0.30
青贮甘薯藤	33.1	4.48	1.43	6.0	18.4	1.39	0.45
青贮甜菜叶	37.5	5.78	1.84	123	19.7	1.04	0.26
青贮胡萝卜	23.6	5.90	1.88	8.9	18.6	1 .06	0.13

图5-1 青干草

②青干草指将天然草地青草或栽培牧草，收割后经天然或人工干燥调制而成的能够长期贮存的青绿饲料。优质干草呈青绿色，叶片多且柔软，有芳香味。干物质中粗蛋白质含量为 10% ~ 20%，粗纤维含量为 22% ~ 33%，含有较多的维生素和矿物质，适口性好，是奶牛越冬的良好饲料。常用的有豆科的苜蓿、沙打旺、草木樨，禾本科的羊草，以及谷草中的燕麦、大麦、黑麦等。见图5-1。

③秸秆是农作物及牧草收获籽实后残留下的茎叶等。秸秆的主要特点是粗蛋白质含量低，粗纤维含量高，约占有机物的40%，其中含有大量的木质素和硅酸盐，消化率低。目前被用作饲料的秸秆主要有稻草秸秆（图5-2）、玉米秸秆（图5-3）、小麦秸、燕麦秸、高粱秸、大豆秸、豌豆秸等。

图 5-2 稻草秸秆

图 5-3 玉米秸秆

④秕壳饲料是作物脱粒后的副产物，营养价值略高于同一作物的秸秆。主要有豆荚、大豆皮、小麦壳、大麦壳、高粱壳、稻壳、谷壳、花生壳等。以大豆皮（图5-4）的营养价值较高，粗蛋白质含量为 11% ~ 18%，几乎不含木质素，消化率高，可替

代日粮中的玉米和纤维成分，以降低成本。

（3）精饲料补充料

①能量饲料是指干物质中粗纤维含量低于18%，粗蛋白质含量低于20%的谷实类、糠麸类、草籽树实类、块根块茎和瓜类等。饲料工业上常用的油脂类、糖蜜类等也属于能量饲料。

图5-4　大豆皮

A.谷实类饲料。干物质以无氮浸出物为主（主要是淀粉），占干物质的70%～80%，粗纤维含量在6%以下，粗蛋白质在8%～13%，缺乏赖氨酸和蛋氨酸，矿物质中钙含量很低，磷虽多但多以植酸形式存在。主要有玉米（图5-5）、高粱、大麦（图5-6）、燕麦、糙米（图5-7）等。

图5-5　玉米

图5-6　大麦

其中玉米被称为"饲料之王"，是高能饲料，淀粉含量高，适口性好，易消化，有机物的消化率为90%。粗脂肪含量3.5%～4.5%，亚油酸含量达到2%。蛋白质含量约为8.6%，且氨基酸种类不平衡，赖氨酸、色氨酸和蛋氨酸的含量不足，此外钙、磷的含量低，且比例不合适，因此要配合其他饲料共同使用。玉米可大量用于牛的精饲

图5-7　糙米

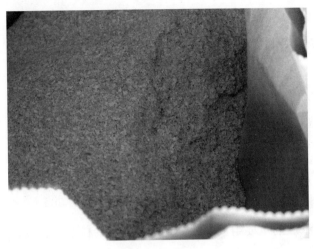

图 5-8　小麦麸

图 5-9　饲用甜菜压粒

料补充料，用量可占牛混合饲料的 40% ~ 65%。

B. 糠麸类饲料是谷物的加工副产品，包括麸皮、米糠等，制米的副产品称为糠，制粉的副产品称作麸。主要有米糠、小麦麸（图 5-8）、大麦麸、燕麦麸、玉米皮及谷糠等，其中以米糠与小麦麸用量最多。

C. 块根、块茎及瓜类饲料包括胡萝卜、甘薯、木薯、饲用甜菜（图 5-9）、马铃薯、菊芋块茎、南瓜及番瓜等。根茎瓜类最大的特点是水分含量很高，达 75% ~ 90%；粗纤维含量较低，为 2.1% ~ 12.5%；无氮浸出物含量很高，达 67.5% ~ 88.1%。块根与块茎饲料中富含钾盐。

D. 油脂类饲料。目前反刍动物应用最多的是植物油脂和脂肪酸钙。犊牛的代乳料中需使用足量的高品质油脂（10% ~ 20%），椰子油、花生油、棕榈油等均可单独或混合用。此外，用不饱和度高的大豆油和棉籽油喂犊牛时，容易因脂肪氧化而引起脱毛、生长不良和死亡率高的现象，若经过氢化处理使之成为饱和脂肪酸，或者添加抗氧化剂和维生素 E 可得到改善。

高产奶牛的能量供应不易满足，提高精饲料比例会降低乳脂率和诱发酮病等代谢病。因此，日粮中添加适量油脂以代替淀粉类精饲料，在不降低精、粗饲料比例的条件下提高日粮能量浓度，可满足奶牛产奶的需要。一般认为在泌乳初期和泌乳盛期，日粮中添加 1% ~ 3% 的油脂效果较好，过多会影响奶牛的食欲和瘤胃发酵功能，降低纤维素和其他养分的消化率。

②蛋白质饲料主要有植物性蛋白质饲料和非蛋白氮饲料。

A.植物性蛋白质饲料。包括豆类籽实及其加工副产品，各种油料籽实及油饼以及各种谷实的加工副产品等。

B.非蛋白氮饲料。非蛋白氮是指非蛋白质的可饲物质，可被瘤胃微生物利用合成菌体蛋白。常用的非蛋白氮主要是尿素，还有糊化淀粉尿素、磷酸脲、铵盐等。

③矿物质饲料。

A.常量矿物质饲料，如食盐、含钙饲料、含磷饲料、含镁饲料等。

B.天然矿物质饲料资源，如沸石、膨润土、麦饭石、稀土添加剂等。

④饲料添加剂是配合饲料中添加的重要组成部分，是配合饲料的核心，直接影响到奶牛的生产性能、产品的安全和养牛业的经济效益。具有完善日粮营养的全价性、平衡性，防治疫病和减少饲料贮存期间的物质损失，提高饲料利用率、促进牛的生长发育，改善产品品质等作用。在日粮中添加适量的饲料添加剂，可以降低生产成本，显著地提高生产效益。包括氨基酸添加剂、微量元素添加剂、维生素添加剂、非营养性添加剂等。

2.奶牛饲料的加工与调制

1）干草饲料的加工与管理

（1）干草的加工调制　干草的调制是否合理，对于干草的质量有着很大的影响，包括牧草的适时收割、干燥、加工和贮藏等几个环节，成品干草含水量一般都在15%以下。干草调制过程中，应尽可能缩短牧草干燥时间，减少由于生理生化作用和氧化作用而造成的营养物质流失。干燥的方法主要分自然干燥法和人工干燥法2种。

①自然干燥法。利用日晒、自然风干调制干草，方法简便，投资少，但晒制时间长，养分损失比较大。

②人工干燥法。利用加热、通风的方法调制干草，优点是干燥时间短，养分损失小，可以调制出优质的青干草，也可以进行大规模工厂化生产，但设备投资和能耗较高。

（2）干草调制注意事项　为了减少青草中营养成分（尤其是粗蛋白质、胡萝卜素等）的损失，调制干草时还必须做到以下几点：

①适期收割。牧草的产量和品质随生长的进行而变化，因而应适时收割（图5-10）。幼嫩时期，叶量丰富，粗蛋白质、胡萝卜素等含量多，营养价值高，但产量低；

随着生长和产量的增加，茎秆部分的比例增大，粗纤维含量逐渐增加，木质化程度提高，可消化营养物质的含量明显减少，饲草品质下降。一般禾本科牧草以抽穗 - 初花期、豆科牧草以现蕾 - 初花期收割为宜（图 5-11）。

图 5-10　适时收割

图 5-11　花蕾期苜蓿

②快速干燥。不管采取什么方法干燥，都应尽量缩短干草的调制时间，以减少消耗。天然晒制干草应选择少雨干燥的季节进行。晴天将收割的青草摊晒在高燥的地方干燥，也可采用草架干燥和常温鼓风干燥。如草的茎秆较粗时，为缩短晾晒时间，还可采用机械压裂等方法将草的茎秆压扁，加速水分的散失。在晒制过程中要经常翻动，促进干燥和上下干湿均匀。

③防雨防露。干草晒制的过程中雨露淋湿是干草养分损失的重要原因之一。晒制开始前要注意天气的变化。晒制过程中，傍晚时要将摊晒的饲草搂成小垄，减少露水引起的返潮。

④减少叶片脱落。叶片的可消化养分含量比茎秆高，干草调制的过程中叶片又非常容易脱落，所以防止叶片脱落是减少养分损失的一个重要环节。晒制过程中，叶片失水较快而茎秆失水相对缓慢，收割后可将茎秆压扁。翻草时，避开烈日的中午也可减少叶片脱落。当干草的水分降到 15% ~ 18% 时即可抓紧进行堆藏，水分过低容易造成叶片脱落。

干草的贮存可室内堆放，也可室外堆垛（图 5-12）。如含水量过高，堆制时会发热、霉变，导致营养损失和酸败。一般干草开始贮存时的水分含量应控制在 18% 以下，贮存期间要防返潮和淋雨。室内堆放应定期通风散湿，室外堆垛应选择地势平坦高燥、排水良好、背风的地方，并防雨水渗入垛内。

图5-12 干草室外贮存

（3）干草品质的评定 干草品质一般从色泽、香味、水分、植物的组成及叶片的多少等方面来进行评定，见表5-5，图5-13。

在饲喂干草时要注意剔除混在干草中的杂质，尤其要注意铁钉及捆草的铁丝、尼龙绳等，防止发生意外；不能饲喂有毒有害的干草和霉变的干草。霉变的干草不仅营养损失严重，品质差，而且霉变后会产生对奶牛健康有害的物质，进而影响牛奶品质。

图5-13 优质干草

表5-5 青干草的品质评定

质量特征		等级		
		1	2	3
豆科	感官	鲜绿、灰绿色，芳香，无结块	淡绿、黄绿色，无发霉结块	黄褐、暗褐色，无味
	水分含量	≤17%	≤17%	≤17%
	粗蛋白质含量	≥17%	≥16%	≥13%
	粗纤维含量	≤25%	≤28%	≤31%
	胡萝卜素含量（克/千克）	≤45	≤35	≤27
	泥沙等杂质含量	≤0.3%	≤0.5%	≤1.0%

质量特征	等 级		
1	2	3	
豆科与禾本科 感官	绿、灰绿色，芳香，无结块	淡黄色、无味、无发霉	暗绿色，无味，无发霉结块
水分含量	≤ 17%	≤ 17%	≤ 17%
粗蛋白质含量	≥ 25%	≥ 14%	≥ 12%
粗纤维含量	≤ 28%	≤ 30	≤ 33
胡萝卜素含量（克/千克）	≤ 35%	≤ 31	≤ 28
泥沙等杂质含量	≤ 0.3%	≤ 0.5%	≤ 1.0%
禾本科 感官	黄绿色、无味	暗绿色，无发霉无结块	黄褐色，无发霉，无结块
水分含量	≤ 17%	≤ 17%	≤ 17%
粗蛋白质含量	≥ 12%	≥ 10%	≥ 8%
粗纤维含量	≤ 30%	≤ 32%	≤ 35%
胡萝卜素含量（克/千克）	≤ 20	≤ 15	≤ 10
泥沙等杂质含量	≤ 0.3%	≤ 0.5%	≤ 1.0%

2）青贮饲料的加工与管理　适合制作青贮饲料的原料范围十分广泛，常见的有玉米、小麦、黑麦等禾谷类饲料作物，野生及栽培牧草，甘薯、甜菜的茎叶等，树叶和小灌木的嫩枝等也可用于调制青贮饲料。

青贮的种类有常规青贮、半干青贮、混合青贮、添加剂青贮等。

（1）常规青贮

①制作方法。

图5-14　蜡熟期玉米

A. 适时收割青贮原料。所谓适时收割是指在可消化养分产量最高的时期收割。优质的青贮原料是调制优良青贮的基础，一般玉米在乳熟期至蜡熟期（图5-14）。禾本科牧草在抽穗期、豆科牧草在开花初期收割为宜。适时收割，原料作物不仅产量高、品质好，而且水分含量适宜，青贮易于成功。现在集约化牧场大多采用全株玉米青贮。

a. 清理青贮设备。青贮饲料用完后，应及时清理青贮设备（青贮窖、青贮塔等），将污染物清除干净，准备制作青贮。

b. 调节水分。青贮原料的含水率是影响青贮成败和品质的重要因素。一般禾本科饲料作物和牧草的含水率以65%～75%为宜，豆科牧草含水量以60%～70%为宜。质地粗硬的原料含水率可高些，以78%～82%为宜；幼嫩多汁的原料含水率应低些，以60%为宜。青贮现场测定水分的方法为：抓一把刚切割的青贮原料用力挤压，若从手指缝向下流水，说明含水率过高；若从手指缝不见出水，说明原料含水率过低；若从手指缝刚出水，又不流下，说明原料含水率适宜。准确的含水率测定方法是利用实验室的通风干燥箱烘干测定或用快速水分测定仪测定。

c. 切碎。青贮原料在入窖前均需切碎。一是便于压实，排除原料缝隙之间的空气；二是使原料中含糖的汁液渗出，湿润原料表面，有利于乳酸菌的迅速繁殖和发酵，提高青贮的品质。原料一般切成1～5厘米的长度。含水率高、质地柔软的原料可以切得长些；含水率低、质地较粗的原料可以切得短些（图5-15）。

a. 合适长度　　　　　　　b. 太长

图5-15　青贮原料切碎长度对比

d. 装填和压窖。青贮原料的装填要快速，要压实。一旦开始装填，应尽快装满窖，避免原料在装满和密封之前腐败变质（图5-16）。青贮窖以一次装满为好，即使是大型青贮建筑物，也应尽快装满。装填过程中，每装15~30厘米（层高）就需要用压窖机械压实一次。压窖时，特别要注意靠近墙和拐角的地方不能留有空隙。

e. 密封。原料装填

图5-16　压窖不及时腐败菌发酵产热

图 5-17 青贮窖及时密封

完毕，立即密封和覆盖，隔绝空气并防止雨水渗入（图5-17）。

②品质评价与利用。

A.品质评价。制作良好的青贮饲料，应具有酸香味，略带醇酒味，无腐味霉味；色泽黄绿或接近青贮原料的颜色；酸度适当，pH4.0～4.2；结构完整，质地柔软湿润，植物的叶、茎、花和果实等器官仍保持原来的形状。青贮饲料品质鉴定要求见表5-6。

表5-6 青贮饲料品质鉴定要求

等级	项目			
	颜色	气味	质地结构	pH
优等	绿色、黄绿色，有光泽	芳香酸味	湿润、松散柔软、不黏手，茎叶花能分辨清楚	4.0~4.5
中等	黄褐色或暗绿色	刺鼻酸味	柔软，水分多，茎叶花能分清	4.0~4.5
低等	黑色或褐色	腐败味与霉味	腐料，黏度大，结块或过干，茎叶难以分离	7.5

图 5-18 正确取青贮饲料

B.利用。青贮饲料一般经过40～50天的发酵就可以开窖使用。开窖的时间根据需要而定，一般要避开高温或严寒季节。青贮饲料一旦开窖，就必须连续取用。每天用多少取多少，不要一次大量取出，堆在畜舍里慢慢饲喂。要逐层取用，不能挖坑或翻动（图5-18）。

取用后即用塑料薄膜等覆盖压紧，以减少窖中青贮饲料与空气的接触。此外，也可以在切面喷洒丙酸等防腐剂，以抑制霉菌和酵母菌的增殖，减少青贮饲料营养的二

图5-19 不正确取用青贮饲料

次发酵损失。不正确地取用会导致青贮饲料二次发酵（图5-19）。

（2）半干青贮 又叫低水分青贮，是指青贮原料收割后，经风干含水率降为45%～55%，形成对微生物不利的生理干燥和厌氧环境，使生命活动受抑制，发酵过程变慢，在无氧的条件下保持青贮饲料的方法。半干青贮原料的含糖量多少对青贮质量影响不大，所以适用于含糖量不足的豆科植物秸秆。半干青贮一般就地利用打捆机打捆，用拉伸膜或塑料膜密封贮存。

（3）混合青贮 将2种或2种以上的青贮原料进行混合调制青贮的方法。适合于青贮原料干物质含量低的饲料（如块根、块茎类饲料）与秸秆或糠麸类混合青贮，豆科牧草与禾本科牧草混合青贮（适宜比例1∶1.3）等。

（4）添加剂青贮 是一种在一般青贮的基础上加入适当青贮添加剂的方法。青贮添加剂可分为3类：第一类为发酵促进剂，主要有淀粉和糖类，作用是为细菌提供充足的养分，使发酵正常进行，如糖蜜、玉米粉、大麦粉、葡萄糖、蔗糖、马铃薯和纤维素酶等；第二类为发酵抑制剂，主要包括强酸和盐类，作用是抑制微生物的生长，如甲酸、乙酸、苯甲酸、柠檬酸、稀盐酸、磷酸等；第三类为营养型添加剂，主要用于改善青贮饲料营养价值，对青贮发酵一般不起有益作用，目前应用最广的是尿素，此外还有氨、缩二脲、矿物质等。

添加发酵剂青贮的青贮饲料营养成分损失少，干物质含量高，气味酸香，适口性好，能增加牲畜采食量，进而增加奶牛产奶量。添加青贮添加剂与自然青贮的区别见表5-7。特别是靠近墙、拐角和顶层的青贮需要多喷添加剂，可减少霉变损失。

表5-7　添加青贮添加剂与自然青贮的区别

添加青贮添加剂	自然青贮
减少霉变、腐烂现象发生	霉变、腐烂现象很普遍，尤其是青贮池的四边及顶部
颜色呈绿色或黄绿色，比较接近新鲜青贮饲料的颜色，气味酸香，柔软湿润，手感松散	呈黄褐色，有的已经发黑、发黏，酸味刺鼻或带有腐臭味
抑制植物细胞呼吸和腐败菌的活动，控制青贮饲料的温度不上升。减少青贮饲料营养成分损失	青贮饲料的温度上升很快，造成青贮饲料中的营养成分被破坏或被降解
可以产生抑菌素，有效抑制二次发酵的产生	不能有效抑制二次发酵

图 5-20　青贮窖青贮

图 5-21　青贮袋青贮

（5）青贮方法　主要有青贮窖、青贮袋和草捆青贮等。

①青贮窖青贮。青贮窖呈圆形或长方形，以长方形为多。永久性青贮窖用混凝土建成。建窖地点要选择地下水位低、干燥和排水容易的地方，见图 5-20。

②青贮袋青贮。用塑料袋或其他材料制成的密封袋制作的青贮。袋贮方法简单，贮存地点灵活，饲喂方便。青贮用塑料布厚度在 0.12 毫米以上，不可使用再生塑料。青贮过程中要注意防鼠，见图 5-21。

③草捆青贮主要用于牧草青贮。方法是将新鲜牧草收割并压制成大圆草捆，装入塑料袋并系好袋口，便可制成优质的青贮饲料，包括拉伸膜青贮和塑料青贮。

（6）青贮贮用管理标准化

①日常管理。

A.青贮封窖后 1~2 周会下陷，要及时调整青贮膜及轮胎，密封好防止空气进入。

B.必须每周对封窖后的青贮窖进行巡查，防牲畜践踏、防鼠、防水，发现有青贮膜破裂的地方及时修补，积雨或雪水要及时排除。

②开窖。

A. 风险检测。开窖后进行风险检测，检测后方可饲喂。

B. 品质检测。开窖后对青贮的品质进行检测，并出具青贮品质检测报告，合格才可饲喂。

③装载机取料。

A. 取料。

a. 若开窖后表面的青贮饲料变质，必须及时取出丢弃。

b. 不允许将铲车推入断面，并举起整个断面，这会造成整个断面松动，氧气进入断面，导致发热或二次发酵，饲喂给奶牛的粗饲料品质变差，并造成粗饲料大量损失。

c. 一次清除3天的覆盖物（轮胎和塑料），在刮切断面前，要丢弃青贮窖顶端腐败和霉变的饲料，轮胎要放到合适的位置便于下次利用。

d. 使用取料机从一边到另一边（垂直地）均匀地切刮青贮断面。

e. 在刮切更多饲料前，要打扫干净并饲喂松散的饲料，严禁取出超出饲喂量的青贮饲料。

f. 不允许过量取料，现取现喂，取料后的表面要基本平整，保持一个平坦、紧实的断面。

g. 填写青贮饲料出入库记录。

B. 现场清理。取样现场要干净整洁，在取料后对现场进行彻底清理。

④ TMR车取料。TMR司机要对每次青贮取料具体数量做好记录，并将每日纸质版记录上报营养员。

⑤指标检测。

A. 品质检测。按照公司要求检测品质指标，并将检测报告上报饲养部。

B. 数据整理。

a. 汇总。汇总TMR车司机所报青贮出料记录，并将记录电子存档，具体记录按照青贮窖号进行。

b. 检测数据要进行电子存档。

3）作物秸秆的加工　为了提高秸秆的消化利用率、适口性和采食量，秸秆饲用前要进行处理，包括物理处理、化学处理和生物处理。物理处理有切短、粉碎、浸泡、蒸煮、膨化等，以改变秸秆的物理性状，提高奶牛对秸秆的利用率和采食

图 5-22　秸秆加工

量（图 5-22）。化学处理有氨化、碱化等方法，碱化用氢氧化钠和石灰水等浸泡，氨化用液氨、氨水、尿素等处理，以软化秸秆，提高适口性和消化率。生物处理有微贮等方法，即用微生物来分解秸秆中的纤维素和木质素，以提高秸秆的可利用的营养价值。

4）精饲料的加工　指利用机械设备改变饲料的物理、化学或生物学特性，提高其营养价值，减少水分、脱毒、改变其适口性等。目前常用加工方法有浸泡、蒸煮、压扁、粉碎、制粒、挤压、蒸汽压片和高温处理等，其制成品如压片玉米（图 5-23）和压片大麦（图 5-24）。另外对脂肪、蛋白质、氨基酸，可进行过瘤胃保护加工处理，使其直接到达牛的皱胃和小肠，经血液吸收利用。

图 5-23　压片玉米

图 5-24　压片大麦

5）TMR 调制　是指根据奶牛的营养需要，把铡切成适当长度的粗饲料、精饲料和各种添加剂按照一定的比例进行充分混合而得到的一种营养相对平衡的日粮。该技术可以针对大小牛群在不同的阶段，都能够摄取适量、平衡的营养，达到最高的产奶量、最佳的繁殖率和最大的利润。

（1）TMR 调制和饲喂技术要点

①选用适宜的混合搅拌车。搅拌车是推广应用 TMR 技术的关键，可根据日粮的类型、牛场的饲养规模、牛场的建筑结构来选择适合的搅拌车。

②合理分群和适时转群。合理分群是 TMR 饲喂技术的必需措施。如果不分群，就会产生饲喂过肥的奶牛，严重影响奶牛产奶性能的发挥。牛群的分群数目视牛群的大小和现有的设备而定。一般小型奶牛场（＜300 头）可以直接分为泌乳奶牛群和干奶牛群，各设计一种 TMR 日粮；中型牛场（300 ~ 500 头）可根据泌乳阶段分为早、中、后期牛群和干奶牛群；大型牛场（＞500 头）可将牛细分为新产牛群、高产头胎牛群、高产经产牛群、体况异常牛群、干奶前期及干奶后期牛群等，分别设计 6 ~ 7 种 TMR。在具体分群过程中，可根据牛的个体情况及牛群的规模灵活掌握，适时调整或合并，调整转群时要小群转移，最好在投料时转移。

干奶牛分为干奶前期（干奶到产前 30 天）和干奶后期两个群，这非常关键，因为这是两个完全不同的生理阶段。后备牛要细分，每群不能太多，一般 10 头左右，要求群中个体一致，随着月龄的增加群体数量可以适当增加。

③TMR 的混合技术。粗饲料的铡切长度对于 TMR 日粮配制尤为重要，影响 TMR 的混合效果。一般青贮料的适宜长度为 2 ~ 3 厘米，但要求有15% ~ 20% 的长度要超过 4 厘米，并应加入一定量的 5 厘米长的干草。TMR 的含水率应为 40% ~ 50%。TMR 的投料顺序一般为"先粗后精，先干后湿，先轻后重"，即干草—青贮—糟渣类—精饲料，边加料边搅拌，物料加齐后再搅拌 4 ~ 6 分。搅拌时间太长则 TMR 过细，有效中性洗涤纤维不足；搅拌时间过短，混合不均匀，营养不均匀，影响饲喂效果。TMR 搅拌车在搅拌时要以满载量的 60% ~ 70% 为宜，太多会混合不均匀。

④TMR 饲喂的料槽管理。TMR 饲喂要均匀投放饲料，确保牛有充足的时间采食，一般干奶牛和生长牛 1 天投放 1 次，泌乳奶牛 1 天投放 2 次，夏季可投放 3 次。在闷热的夏季，为了防止饲料沉积发热，每天应翻料 2 ~ 3 次，并且要求每天清理剩料。

⑤TMR 技术对牛舍的要求。一般要求牛舍的宽度 20 米以上，长度在 60 ~ 120 米，饲喂道宽 4.0 ~ 4.5 米。标准牛舍以饲养 200 ~ 400 头牛为单元。

（2）TMR 制作及质量评定标准化

①TMR 制作。

A. 原料填装。

a. 铲车司机严格按照投料单上的原料数量装车，装填的顺序为：先粗后精，先干后湿，先轻后重；其装填的每一种原料数量，TMR 车司机都要对应地在投料单上做好记录并进行签字确认，下班时上交投料监控单给营养员。

图 5-25　TMR 装料

图 5-26　投放

图 5-27　宾州筛

b.铲车司机随时都要保证青贮截面的整齐。

c.铲车司机和配料工将 TMR 制作的原辅料中的变质原辅料挑出，杜绝变质的原辅料、金属、木块、绳子等进入 TMR 搅拌车内。

d.投料时铲车需缓慢抖动，不得将大块饲料直接投入 TMR 车中，以免影响 TMR 监控系统的正常使用。

B.搅拌。TMR 车司机要将日粮搅拌均匀，搅拌时间根据 TMR 实际搅拌情况而定，TMR 司机要上车观察每车 TMR 日粮的搅拌情况，达到标准后方可投料，见图 5-25。

C.投放。奶牛挤奶结束返回前要将料投放到位，投料时要严格按照投料监控单上的数据来进行均匀的投料，严禁将料投到颈枷坎墙或牛舍内，见图 5-26。

② TMR 质量评定。

A.宾州筛分级检测，见图 5-27。

a.取样：在日粮投放后奶牛未采食之前要分点取样，每栏牛舍至少均匀地取 6 个点，总重 400~500 克。

b. 步骤：

☞ 水平摇动，不要垂直抖动。

☞ 摇动距离 17 厘米，频次为 1.1 秒。

☞ 每摇动 5 次后，转动 90°，重复 7 次。

☞ 分别称重，计算每层的比重，并填写记录。

每层比重参考数据：

三层：泌乳牛顶层 6%~12%；底层 40%~60%。

四层：泌乳牛 1 层 8%~13%；2 层 35%~45%；3 层 35%~45%；4 层 10%~13%。

四层：泌乳牛 1 层 2%~8%；2 层 30%~50%；3 层 10%~20%；4 层 30%~40%。

B. 干物质检测。

a. 取样：与宾州筛取样相同，可同时取样。

b. 方法：

☞ 测量样品鲜重，并记录。

☞ 在微波炉或烘干箱中完全烘干样品。

☞ 测量烘干后样品重量，并记录。

☞ 计算干物质比例。根据测量数据调整 TMR 的加水量，TMR 干物质为 48%~52%（冬季可在 54%~56%）；每天测定的干物质波动不超过 2%。

（二）饲养管理标准化

1. 犊牛的管理 犊牛一般是指从出生到 6 月龄的牛，这个时期犊牛经历了从母体子宫环境到体外自然环境，由靠母乳生存到靠采食植物性为主的饲料生存，由不反刍到反刍的巨大生理环境的转变。犊牛各器官系统尚未发育完善，抵抗力低，易患病。在规模化牧场中，犊牛数量约占整个牧场存栏的 15%。犊牛是整个牧场的后备力量，其培育质量对育成后的生产和繁殖性能的发挥至关重要。死亡奶牛 50%~60% 发生在犊牛阶段，因其与经济效益不直接挂钩，重视程度低，应引起关注。犊牛培养目标见表 5-8。

表5-8　犊牛培养目标

项目		指标
死亡率	断奶前	<5%
	出生	<2%
第一次发情		<12 月龄
配种月龄		<15 月龄
产犊月龄		22~24 月龄
参配体重		350~380 千克
产犊体重		500~600 千克

1）犊牛舒适度环境要求

（1）温度要求　适宜温度为 15~25℃（犊牛干燥、健康）。1 日龄临界下限温度为 13.4℃，30 日龄临界下限温度为 6.4℃。

（2）湿度要求　机械通风舍空气相对湿度 60%~80%，供暖犊牛舍空气相对湿度 40%~70%。

（3）室内氨气浓度　氨气浓度标准为 <17.5 毫克 / 米 ^{3}。

（4）通风量　冬季每小时每头最小通风量为 2.5 米 ^{3}。

备注：保证舍内群养犊牛栏内的"全进全出"。

2）犊牛饲养操作规程

（1）新生犊牛出生后 24 小时内

①出生后立即执行：

A. 戴干净手套擦去犊牛口鼻中的黏液，确保犊牛呼吸畅通。

B. 对犊牛进行脐带消毒，不要触摸或剪断。使用浓度 7% 碘酊、脐带长度要保证 7~10 厘米、对犊牛脐带由内至外进行浸泡消毒，浸泡时间为 3~5 秒，出生后立即消毒 1 次，犊牛从产房转出时消毒 1 次，第二、第三天上午常乳饲喂前或后消毒 1 次。

C. 用干净的毛巾刺激擦干犊牛 5 分（避免接触犊牛脐带区），1 头牛 1 条毛巾。

a. 毛巾准备数量：平均每天留养母犊数的 2 倍。

b. 毛巾规格不小于：50 厘米 ×70 厘米，100% 纯棉。

c. 配套设施：洗涤容量 6 千克以上，全自动，如果能烘干功能是最佳的。

d. 如环境温度低于 15℃，犊牛穿上马甲 15 天以上。

D. 将产犊母牛与犊牛及时分开。

E. 将犊牛从产犊圈立即转到饲养犊牛区域（避免大牛与小牛互相接触）。

a. 犊牛转运车保持干净。

b. 新生犊牛饲养区域必须保持干净、干燥。

c. 垫草厚度至少 30 厘米。

②出生后 1 小时内。

A. 给犊牛称重（新生犊牛饲养区域）。

B. 填写产犊记录，给犊牛打耳牌，登记。新生犊牛应打上永久的标记，其出生资料必须永久存档。标记犊牛的方法包括：套在颈项上刻有数字的环、塑料、金属或电子识别的耳标、盖印、冷冻烙印等。此外，照片或自身的毛色特征，也是标记犊牛的永久性记录。

C. 根据犊牛体重饲喂初乳见表 5-9。

表5-9　根据犊牛体重饲喂初乳

体重（千克）	初乳饲喂量（升）	饲喂时间	饲喂方法	做记录	备注
< 30	3	出生后 1 小时内	灌服	填写初乳饲喂记录	犊牛健康状况
30~35	3.5				
≥ 36	4				

a. 饲喂顺序：冰柜内贮存初乳必须按照先进先出原则进行取用、饲喂。

b. 饲喂方法：新生犊牛出生后 1 小时之内灌服 4 升初乳（或按照犊牛体重的 10% 量进行灌服），6 小时后再饲喂或灌服 2 升，饲喂初乳温度保证在 39~40℃（投喂过程中要注意方式、方法，避免出现投到气管导致异物性肺炎或犊牛死亡），初乳饲喂后间隔 8 小时开始饲喂常乳。

③出生后 12 小时内。再次进行脐带消毒，如果脐带长于 10 厘米，用干净锋利的剪刀将脐带剪成 10 厘米长并用碘酊消毒。

④出生后 12~24 小时内。饲喂常乳 2 升，如果不吃由兽医全面诊断与治疗。

（2）犊牛牛奶饲喂流程

①牛奶准备。

A. 牛奶在进行巴氏灭菌前存放在 4℃ 以下，并且保持清洁。

B. 巴氏灭菌条件：72~73℃，15 秒；巴杀后将牛奶冷却到 37.5~39.5℃（饲喂犊牛时目标奶温 38℃），尽快饲喂（避免微生物在饲喂过程中繁殖）。

②饲喂。

A. 犊牛舍新生犊牛存放区域，垫料每次现垫现放，空圈不放垫草，保证卧床地面干燥，避免细菌繁殖。

B. 饲喂奶量及饲喂温度。温暖季节（牛舍温度 0℃ 以上）不同日龄犊牛饲喂方法见表5-10，饲喂奶温度 38℃。

表5-10　温暖季节不同日龄犊牛饲喂方法

日龄/天	牛奶（千克）	每天次数	是否提供饮水	是否提供开食料	是否提供干草
1~7	2	2	是	是	否
8~14	2.5	2	是	是	否
15~49	3	2	是	是	否
50~56	3	1	是	是	否
57~63	0	-	是	是	否

寒冷季节不同日龄犊牛饲喂方法见表5-11，饲喂牛奶温度 38℃。

表5-11　寒冷季节不同日龄犊牛饲喂方法

日龄（天）	牛奶（千克）	每天次数	是否提供饮水	是否提供开食料	是否提供干草
1~7	2	2	是	是	否
8~14	2.5	2	是	是	否
15~49	3.5~4	2	是	是	否
50~56	3.5~4	1	是	是	否
57~63	0	-	是	是	否

③其他注意事项。

A. 两次饲喂牛奶间隔 9~15 小时，每天饲喂时间必须固定。

B. 饮水每天至少更换 2 次。

C. 开食料保持新鲜，每天至少 1 次将未采食完的饲料清理掉（收集后可饲喂5~6 月龄犊牛），换上新鲜的饲料。

D. 对犊牛每天进行 2 次健康检查。

E. 病牛应该及时进行治疗。

F. 犊牛 56 日龄如果采食开食料没有达到足够的量（1.5 千克），应该延迟断奶（最长延迟 3 周）。

（3）饮水　犊牛出生后第三天开始给水，自由饮水为主。每天保证水槽和水桶的干净，水必须清洁，冬季必须给温水。

（4）0~2 月龄犊牛舍卧床铺垫标准

①犊牛卧床（包括散栏、独栏、犊牛岛）垫料厚度 20~30 厘米（包括垫草、稻壳或稻壳粉、锯末、沙子等）。

②垫料：无霉变，无杂质。

③卧床干燥、干净、平整、舒适。

④ 0~2 月龄犊牛舍卧床合格率 ≥ 95%。

图 5-28　犊牛垫床及犊牛服

⑤犊牛垫床及犊牛服见图 5-28。

3）犊牛去副乳头、去角管理

（1）犊牛去副乳头流程

①出生 12 小时剪脐带时去副乳头。

②操作要点。

A. 先使用 7% 的碘酊或蹄泰在副乳头及周围进行消毒。

B. 使用手术直剪（已消毒），距乳腺 1 毫米处进行处理，避免损伤乳腺。

C. 去副乳头后严格消毒。

D. 断奶时再检查 1 次，保证犊牛无副乳头。

③记录完整并录入计算机系统。

（2）犊牛去角流程

①犊牛出生 2~7 日龄进行去角（药物法或电烙法）。

②去角方式及操作要点。

☞ 药物法。

☞ 绑定牛只。

☞ 找准角芽的位置。

☞ 剪去毛发，标记位置（保证去角膏每次都用在正确的位置）。

☞ 使用去角膏时要确保戴上手套，避免灼伤人员。

☞ 匀药物，1.1~1.4 克 / 头，轻柔涂抹 7~10 秒。

☞ 在使用中要注意防止流出的组织液流入奶牛的眼睛中，会腐蚀眼睛造成瞎眼。

☞ 使用去角膏后，确保24小时内不要见水，在使用去角膏后犊牛在有屋顶的圈舍内待足24小时。

h. 跟踪烫角后感染情况，如果有感染情况应清洗消毒涂药治疗。

B. 电烙法。

☞ 绑定牛只。

☞ 找准角芽的位置。

☞ 使用灼热的去角器进行去角。

☞ 轻按旋转，角芽周围神经组织受损即可。

☞ 烫完角后涂药（蹄泰）处理。

☞ 跟踪烫角后感染情况，如果有感染情况应清洗消毒涂药治疗。

③断奶时复查，如还有芽角用电烙法进行处理。

④记录完整并录入计算机系统。

4）断奶犊牛饲养管理　见表5-12，图5-29至图5-32。

（1）断奶犊牛饲喂流程

①犊牛断奶后转群的先决条件。

A. 犊牛断奶后至少1周，停留在犊牛舍。

B. 犊牛24小时的目标饮水量6升。

C. 犊牛24小时的开食料采食量至少1.5千克。

D. 犊牛是健康的。

E. 犊牛体重为出生重的2倍。

②断奶初期64~77天犊牛饲喂流程：（群体大小不超过12头）。

表5-12　断奶初期犊牛饲喂

周龄	日龄（天）	是否提供饮水	开食料	期望的开食料干物质采食量（千克）	群体大小（头）	位置
10	64~70	自由饮水	自由采食	2+	12~18	断奶牛舍
11	71~77	自由饮水	自由采食	2.5	12~18	断奶牛舍

A. 提供清洁的饮水。

B. 开食料与断奶前饲喂的开食料相同。

C. 使用料槽或料桶饲喂，必须保证每圈内的所有犊牛能同时采食。

D. 每天必须分3次提供新鲜的饲料（目标采食量2.5千克）。

E. 每天至少1次将未吃完的开食料彻底清理干净（收集饲喂5~6月龄犊牛）。

F. 每天必须进行2次巡圈检查。

G. 病牛及时进行治疗，必要时转移到单独的圈舍内进行治疗。

③ 78~119天犊牛饲喂流程：（群体大小不超过48头）见表5-13。

表5-13　78~119天犊牛饲喂流程

日龄（天）	是否提供饮水	开食料	期望的开食料干物质采食量（千克）	优质苜蓿（千克）	群体大小（头）	位置
78~84	自由饮水	自由采食	3	0.25	30~40	断奶舍
85~91	自由饮水	自由采食	3+	0.5	30~40	断奶舍
92~98	是	自由采食	3+	0.75	30~40	断奶舍
99~105	是	自由采食	3.5	1	30~40	断奶舍
106~112	是	自由采食	3.5	1.5	30~40	断奶舍
113~119	是	自由采食	4	2	30~40	断奶舍

注：表中的数值为苜蓿每天饲喂量的最大值。

A. 提供清洁的饮水。

B. 开食料（蛋白质16%~18%）。

C. 必须保证每圈内的所有犊牛能同时采食到饲料。

D. 每天至少1次将未吃完的苜蓿草彻底清理干净（收集饲喂5~6月龄犊牛）。

E. 每天必须分2次提供新鲜的饲料。

F. 每天进行2次巡圈检查。

G. 病牛必须及时进行治疗，必要时移到单独的圈舍内治疗。

H. 按体格大小每月分群2次。

④ 120~180天犊牛饲喂流程（群体大小不超过100头）。

A. 4月龄以后使用TMR全混合日粮（根据设计配方执行）。

B. 每天必须分2次提供新鲜的饲料。

C. 每天至少1次将未吃完的料彻底清理干净（收集饲喂7~8月龄牛）。

D. 自由采食，不能空槽，目标干物质采食量 5.5~7 千克。

E. 按体格大小每月分群 2 次。

⑤ 120 日龄内的犊牛每天饲喂 3 次新鲜的颗粒料及苜蓿，颗粒料撒在苜蓿草上面（特别注意草的饲喂量），优先采食精饲料；如果颈枷能满足牛头数的 1 倍时颗粒料及苜蓿分开投喂。

⑥其他工作程序。

A. 控制好饲养部门提供的苜蓿量和质量。

B. 保证苜蓿中无杂物。

C. 保持周围卫生。

D. 定期核对犊牛耳号、补单耳牌。

E. 每天认真检查后备牛舍设施情况，发现异常及时通知部门管理人员。

图 5-29 奶桶饲喂法，自由饮水

图 5-30 自动饲喂犊牛

图 5-31 犊牛自动饲喂器

图 5-32 人工饲喂

（2）饲养密度要求

①第一阶段：64~77日龄犊牛每圈舍饲养的牛头数应控制在牛颈枷和牛卧床数的85%以内（两项指标均满足）。

②第二阶段：78~119日龄犊牛每圈舍饲养的牛头数应控制在牛颈枷和牛卧床数的90%以内。

③第三阶段：4~6月龄犊牛，每圈舍饲养的牛头数应控制在牛颈枷和牛卧床数的95%以内。

各牧场在颈枷上标示各月龄犊牛身高，以便参照调群，见图5-33。

图5-33　颈枷上标示各月龄犊牛身高

2.青年牛的饲养管理

1）青年牛目标生长与调控　青年牛的抗病力较强，生长发育较快。青年牛饲养管理的主要目标是至13~15月龄能够达到成母牛体重52%～55%，分娩时达到成母牛体重的82%～85%，青年牛目标生长的理想体重见表5-14。

表5-14　青年牛目标生长的理想体重

类别	占成年体重比例（%）	成年体重（千克）		
青年牛		409	591	800
初配	55%	225	325	440
初产	85%	348	502	680
二胎产后	92%	376	544	736
三胎产后	96%	393	567	768

2）7月龄至配种前青年牛的饲养管理

（1）饲养　该阶段主要目标是通过合理的饲养使其按时达到理想的体型体重标准和性成熟，按时配种受胎。

此期是达到生理上最高生长速度的时期，在饲料供给上应满足其快速生长的需要，避免生长发育受阻，以致影响其终生产奶潜力的发挥。虽然此期青年牛已能较多地利用粗饲料，但在初期瘤胃容积有限，粗饲料以优质干草为好，供给量为其体重的 1.2%~2.5%。但单靠粗饲料并不能完全满足其快速生长的需要，因而在日粮中需要补充一定数量的精饲料。精饲料添加量一般根据粗饲料的质量进行调整，若粗料质量较好（如苜蓿干草、玉米青贮等），精饲料的每天喂量仅需 0.5~1.5 千克；如果粗饲料质量一般或较差（如玉米秸秆、麦秸等），精饲料的每天喂量则需 2.0~2.5 千克，并根据粗饲料质量确定精饲料的蛋白质和能量浓度，使青年牛的饲粮蛋白质水平达到 14% ~ 16%。

（2）管理　评价该阶段饲养管理的标准主要包括：

①总死亡率低于 1%。

②总发病率小于 4%。

③日增重 0.75~0.90 千克。

④ 13 月龄时体重达到成母牛的 52% ~ 55%。

生产中，有些牛场往往疏忽该阶段的饲养管理，使牛出现生长发育受阻，体躯狭浅，四肢细高，延迟发情和配种，导致成年时泌乳遗传潜力得不到充分发挥，造成经济损失。

3）怀孕至产犊阶段青年牛饲养管理

（1）饲养 （13~15 月龄至 22~24 月龄） 怀孕青年牛初期仍可按配种前日粮进行饲养。当青年牛怀孕至分娩前 3 个月，由于胎儿的迅速发育以及青年牛自身的生长（1.2 ~ 1.5 千克 / 天），需要每天额外增加 0.5~1.0 千克的精饲料。如果在这一阶段营养不足，将影响青年牛分娩体重以及胎儿的发育，但营养过于丰富，会导致过肥，引起难产、产后综合征等。

在产前 2 ~ 3 周，将怀孕青年牛转群至清洁、干燥的环境饲养。该阶段日粮能量浓度应为 5.8 ~ 6.0 兆焦 / 千克，蛋白质水平为 13.5% ~ 14.0%，降低高钾饲料的使用量。将产前青年牛与产前成母牛分群饲养，有利于提高青年牛干物质采食量，降低产后发病率。

（2）管理　评价该阶段饲养管理的标准主要包括：

①总死亡率低于 1%，流产率低于 3%。

②总发病率小于 2%。

③日增重 0.8 ~ 1.3 千克。

④分娩时体重为成母牛体重 82% ~ 85%，体况评分为 3.0~3.5。

3. 围产期管理标准化　围产期大多指产前 15 天至产后 15 天的一段时间，分为围产前期和围产后期。产前 15 天为围产前期，产后 15 天为围产后期。这一时期奶牛的生理状况发生突然改变，对奶牛造成较大应激，导致干物质采食量减少，影响牛的健康。围产期奶牛体质较弱，免疫力差，发病率较高，该阶段奶牛饲养管理以保健为主。

1）围产前期管理标准化操作

（1）饲养管理

①根据奶牛管理软件每周将产前 21（±3）天的围产牛从干奶牛舍调至围产牛舍，转牛通道要垫沙或设有防滑设施，转群及时填写转群记录。

②头胎和二胎以上的围产牛必须分开饲养，密度不超过 80%。

③围产牛 TMR 日粮，使用优质的粗饲料，不能有发霉变质。准确计算围产牛干物质采食量，严禁空槽。

④每天投喂 3 次，根据每班次的采食情况调整投料量。

⑤围产牛舍应离产房最近，有专人负责巡栏，至少 1 小时巡栏 1 次，异常牛只做好巡栏记录，将有产犊征兆的奶牛及时转入产房，转群时轻声慢步减少应激，转群后填写转群记录并做好临产牛体况评分。

⑥对超预产期 10 天以上牛只，兽医做直肠检查确认是否有胎并了解胎龄，必要时做引产（死胎或木乃伊胎等）。

（2）舒适度管理

①夏季在采食道、卧床安装喷淋、风扇等设施预防热应激；冬季要做到防风、保暖。

②饮水台上的粪污每次都必须清理干净。水槽每天清洗 1 次。牛舍内水槽水温必须保持在 2 ~ 27℃，冬季水温必须达到 13℃。

③清粪或维护卧床时严禁带牛作业，创造一个安静、舒适的环境。

④临产牛舍夜间加强光照，以便于发现有产犊征兆和异常的牛只。

⑤每周添加垫料，保证卧床垫料厚度不小于 15 厘米，同时垫料必须与牛床外沿高度保持水平，卧床朝里的部分必须稍高于外部，方便奶牛躺卧。

⑥每月定期清理、疏松运动场，保证运动场干净、干燥、松软，雨雪天严禁将

牛放在运动场。

（3）疾病预防

①进入围产前期要保证牛只的肢蹄健康，兽医应对所有牛只进行检查，对有问题牛及时处理。

②对产前有漏奶的牛只每天对乳头进行药浴。

③对早产或死胎的母牛必须做好产后护理。

2）分娩及助产管理

（1）分娩管理。

①将临产牛只转入产房区域，便于观察、监护。

②兽医每小时巡圈1次。

③每次巡圈观察牛只乳房、腹部，必要时做直肠检查。

④分娩环境必须做到干燥、松软、干净。降低新产牛和新产犊牛暴露在微生物疾病感染的环境下的机会。

（2）奶牛接产程序

①接产准备工作。

A.产房：清洁、干燥、阳光充足、通风良好、无贼风、宽敞。

B.用药品及工具：在产房里接产用具及药械应放在固定的地方，以免临时缺少，造成不便。5%~7%碘酊、消毒液（百毒杀）、石蜡、助产绳、助产器、长臂手套、照明设备等。

②接产。应在严格遵守消毒的原则下接产，以保证胎儿顺利产出和母牛的安全。

A.正常分娩。工作人员仔细观察临产牛的情况，产出期开始时，观察母牛的体质情况和母牛胎膜露出至排出胎水这一段时间。如果胎儿正常时，"三件"（唇及二蹄）俱全，可等候它自然出生。

B.难产。生产开始时，观察母牛的体质情况和母牛胎膜露出至排出胎水这一段时间，难产主要以下几项：如果前腿已经露出很长而不见唇部；唇部已经露出而看不见前腿；只见尾巴，而不见后腿；产道狭窄，犊牛特大；倒生（包括仰卧倒生）或仰卧顺产；母牛的产力不足（母牛患病）。

遇到以上难产时候把母牛保定后清洗母牛的外阴部及其周围，并用消毒药水擦洗。接产人员戴长臂手套，检查确定胎势、胎位后，方可矫正、助产。如无法矫正，则截胎处理。

3）新产牛管理标准化　分娩后奶牛产量上升速度非常快，每天都会增加1千克；曲线峰值上升得越高，泌乳期奶量就会越高，高峰期奶量每增减1千克奶量，整个泌乳期就会增减300千克。

围产前期胎儿占据腹腔空间，瘤胃被挤压容积缩小，复杂的激素分泌原因导致产前1周奶牛的采食量就开始下降，产后采食量恢复很慢；采食量无法满足泌乳能量需求，则奶牛开始动用体脂，体况迅速下降，消瘦、抵抗力下降，此时奶牛很容易感染疾病，甚至被淘汰。唯一防止体况下降速度过快的方法就是提高干物质采食量。这个时期的饲养非常关键，因为新产牛决定奶产量、决定繁殖表现、决定淘汰率、决定牧场的好坏。给新产牛提供最好的环境、最好的监护、最好的粗饲料。

（1）新产牛饲养管理要求

①产后初乳一次挤完，挤完初乳后尽快从产房转入新产牛舍，产房的挤奶程序必须和挤奶厅的操作程序完全一致。

②在早晨第一次挤奶前兽医必须对新产牛群进行子宫分泌物的观察，并对异常的牛只做记录。

③新产牛第一批次挤奶时，必须小心地哄上挤奶台，严禁粗暴打骂奶牛，冬天结冰时要防滑。新产牛必须第一批上挤奶厅挤奶，且早晨挤奶有专职的兽医全程监控，兽医在挤奶台上对乳房不充盈及乳房异常的奶牛进行后腿标记，并在挤奶完后1小时之内进行治疗。

④挤完奶以后，牛舍必须有新鲜充足的 TMR 饲料，所有牛只必须锁好颈枷。兽医在牛前做全面观察，对有问题（不吃、眼睛下陷、耳朵耷拉、精神状态差、鼻子有脓性分泌物、弓背等）牛只做标记。

⑤兽医在牛后对观察有问题的牛做全身检查（体温、心律、呼吸、瘤胃蠕动、变位、酮病、粪便、乳房、子宫、损伤），并及时对症治疗，能在牛舍治疗的一定不要隔离转群治疗，治疗操作时间不得超过1小时。治疗操作完毕后立即将牛放掉。

⑥新产牛舍密度不能超过80%。

⑦严禁将新产牛、病牛及乳房炎牛放在一起挤奶和饲养。

⑧ 15~20 天对需要转出的牛群进行全面体检后，健康的牛只转入高产牛群。

（2）营养保健

①奶牛饲料喂量，应按饲养标准给予，日粮应以优质干草（4～6千克）为主，并喂以适量青贮饲料、块根类，精饲料（3～4千克），精、粗饲料比例为30：70，

粗纤维为 20% 左右，粗蛋白质为 11%~12%，干奶期奶牛的体况指标在 3.5 ~ 4.0。

②围产期精饲料可在产前 15 天每天逐渐增加，但不超过体重 1%，干草喂量占体重的 0.5% 以上。日粮精粗饲料比例为 40∶60，粗蛋白质为 13%，粗纤维 20% 左右，围产前期应饲喂低钙日粮，但不是无钙。产后喂高钙日粮，奶牛产后至泌乳高峰期，应及时提高日粮中钙、磷水平。在精饲料中添加维生素 ADE 粉剂。

③母牛产后应立即给以麸皮 1 千克、红糖 1 千克、盐 100 ~ 150 克，温水 8~10 千克混匀灌服或自饮，或者给予红糖益母草膏，每天 1 次，一般 2~3 次即可。母牛产后 15 天内应喂给易消化适口性好的饲料，并在精饲料中添加维生素 ADE 粉剂，控制糟渣饲料喂量，干草在运动场可自由采食，饲喂优质干草。

④严禁给干奶牛和围产期的母牛饲喂过量的棉籽饼粕、棉壳、冰冻饲草，啤酒糟及甜菜渣尽量少喂。

⑤产前 21 天，产后 15 天可以应用阴离子平衡盐，占精饲料的 5% ~ 8%。它可以在一定程度上减少产后瘫痪、酮病、皱胃变位、胎衣不下的发生率。围产前期不饲喂缓冲剂，围产后期可以添加缓冲剂。

⑥对高产奶牛，在产后早期和泌乳盛期应选择过瘤胃蛋白质含量高的饲料原料配制精饲料补充料，必要时可以添加过瘤胃脂肪（如脂肪酸钙）。

注意：将牧场最好的苜蓿和青贮饲料用于新产牛。苜蓿的适口性好，营养含量高，易消化，而且非常容易搅拌切割。

如果 TMR 质量不好，采食量上不去，就无法满足泌乳需求，不但会影响新产牛的泌乳潜力，还会造成代谢病发生：酸中毒、酮病、产后瘫痪、皱胃移位。牛场 60% 的淘汰是在新产牛发生的。

（3）产后管理

①母牛分娩后 1~2 小时，第一次挤奶不宜挤得太多，只要够犊牛吃即可，以后逐步增加，到第三天后才可挤净，否则对高产奶牛易致产后瘫痪。

分娩后的母牛应进行必要的观察和护理，发现体温升高、食欲差、体质差，恶露颜色和气味有异常要及时联系兽医，可参考表 5-15 处理。

表5-15 产犊后10天母牛的护理和治疗

体温升高（发热）		体温正常（不发热）	
经产奶牛体温 > 39.5℃，初产奶牛 > 39.3℃		经产奶牛体温 < 39.5℃，初产奶牛 < 39.3℃	
表现有病	表现正常	表现有病	表现正常
第一天治疗 （每类选一种药） 一、子宫收缩药 1. 苯甲酸雌二醇（一次性） 2. 催产素（3天） 3. 红糖益母草 二、退热药 1. 安乃近或安痛定 2. 复方氨基比林 三、能量类药 1. 静脉注射葡萄糖 2. 丙二醇口服液 四、补钙类药 1. 静脉注射葡萄糖酸钙 2. 静脉注射钙磷镁合剂 3. 口服速补钙 五、全身性抗生素治疗 第二和第三天重复治疗并检查体温	第一天治疗 （每类选一种药） 一、子宫收缩药 1. 苯甲酸雌二醇（一次性） 2. 催产素（3天） 3. 红糖益母草 二、退热药 1. 安乃近或安痛定 2. 复方氨基比林 三、能量类药 1. 静脉注射葡萄糖 2. 丙二醇口服液 四、补钙类药 1. 静脉注射硼葡萄糖酸钙 2. 静脉注射葡萄糖酸钙 3. 静脉注射钙磷镁合剂 4. 口服速补钙 注：不使用抗生素 第二和第三天重复治疗并检查体温	第一天治疗 （每类选一种药） 一、能量类药 1. 静脉注射葡萄糖 2. 丙二醇口服液 二、糖皮质激素 1. 氢化可地松 2. 地塞米松 三、补钙类药 1. 静脉注射硼葡萄糖酸钙 2. 静脉注射葡萄糖酸钙 3. 静脉注射钙磷镁合剂 4. 口服速补钙 四、检查是否存在皱胃变位 第二天和第三天 1. 如体温正常，仍采用第一天的处理方案 2. 如发热，则采用发热治疗方案	第一至第十天 （每天检查体温）

说明：①有异常表现的新产母牛应采取上述治疗方案，至少重复3天。

②对发热但采食，临床表现正常的奶牛不必使用全身性抗生素治疗。而使用促宫缩、退热、葡萄糖和补钙类药，如果用药后第二天不退热，可使用抗生素全身性治疗3天，由于使用抗生素会损失牛奶，这样可以给奶牛一个不用抗生素就可能恢复的机会。

③在确定治疗方案时，应与兽医研究，根据各自牛场的具体情况而定，但方案制订后必须按照治疗步骤进行护理和治疗。

（4）药物防治

①糖钙疗法：产犊前后对曾发生过产后瘫痪、难产、老龄、体弱或高产的奶牛都可处理。民间百姓俗称"营养针"。

A. 方法1：针对临产前母牛，25% 葡萄糖500毫升 ×2瓶，苯甲酸钠咖啡因10毫升 ×3支，10% 葡萄糖酸钙500毫升 ×2瓶。以上静脉注射1~2次。

B. 方法2：针对产后母牛，在"方法1"的基础上加地塞米松（20毫克）、2% 盐酸普鲁卡因30毫升，静脉注射1~2次。

（5）产后疾病的治疗

①胎衣不下。

A. 主要症状。产犊24小时之后胎衣滞留不下。

B. 治疗处方。

a. 在产后24小时未脱落，但未出现全身症状：肌内注射速解灵20毫升，连用3日。

b. 对有全身症状（体温升高40℃以上，精神重度沉郁，食欲减退或废绝，反刍停止）：

☞ 静脉注射：25% 葡萄糖（500毫升）×2；地塞米松（0.5 ~ 1 毫克/千克）×2；葡萄糖酸钙（20毫升/支 =2 克；80~150 克）；10% 氯化钠（500毫升/瓶）×2；5% 葡萄糖（500毫升/瓶）×1；维生素 C（1克/支 =10毫升；3~5 克）。

☞ 肌内注射：速解灵20毫升；维生素 B_1 750~1 250毫克（30~50毫升），科特壮30毫升/次。

☞ 灌服：优补钙（200克/袋）×2；健胃药（250克/袋）×2；人工盐100克；碳酸氢钠200克；水35千克。

②子宫炎。

A. 主要症状。产后15天，子宫仍未复旧，排恶臭的液体或脓，当子宫颈口关闭，脓性分泌物排不出来，奶牛体温升高（40~41.5℃），精神沉郁、瘤胃蠕动减弱或停止，脱水。子宫炎一定要及时正确地诊断治疗，要用好的抗生素治疗；不应在子宫里放药，因为在子宫里放药只能增加子宫的负担，使子宫恢复受阻；避免没必要的直肠检查对子宫恢复带来的刺激。

B. 治疗处方。

a. 如无全身症状：肌内注射速解灵20毫升，连用3日。乙烯雌酚20毫克，肌内注射，1次/天，连用3天。

b. 如有全身症状（体温≥40℃以上，精神重度沉郁，食欲减退或废绝，反刍停止）：

☞ 静脉注射：25% 葡萄糖（500 毫升）×2；地塞米松（0.5～1 毫克/千克）×2；葡萄糖酸钙（20 毫升/支 =2 克；80~150 克）；10% 氯化钠（500 毫升/瓶）×1；5% 葡萄糖（500 毫升/瓶）×1；维生素 C（1 克/支 =10 毫升；3~5 克）。

☞ 灌服：优补钙（200 克/袋）×2；健胃药（250 克/袋）×2；人工盐 100 克；碳酸氢钠 200 克；水 35 千克。

☞ 肌内注射：速解灵 20 毫升；维生素 B_1（0.25 克/支 =10 毫升；0.25~1.25 克）。苯甲酸雌二醇 20 毫克，肌内注射 1 次/天，连用 3 天。可促进子宫收缩，排出脓性分泌物。

③产道损伤。在难产助产中因对产道未保护好而引起阴门、阴道及子宫颈的撕裂创伤。

A. 主要症状。产犊时胎儿过大或难产造成阴门损伤，阴道损伤及子宫颈损伤，子宫破裂及穿孔。

B. 诊断方法。

a. 产完犊后，接产人员戴无菌手套伸入产道内，仔细检查产道损伤的情况，如破口大小、深浅、方向等。

b. 检查创口有无出血，有无挫灭的组织。

C. 处理方法。

a. 麻醉：荐尾间隙硬膜外腔麻醉或后海穴封闭。

b. 用灭菌生理盐水纱布清除产道损伤处的血凝块及异物。

c. 用沾有 0.1% 新洁尔灭的灭菌纱布拭擦阴道壁。

d. 根据创口的部位，采取以下缝合方法：

☞ 阴门上联合撕裂创伤，或阴门侧壁皮肤撕裂创伤，5% 碘酊消毒皮肤创缘，然后对创口进行间断缝合。

☞ 阴道腔黏膜肌层的撕裂创伤，用创钩开张阴门裂，尽量显露阴道腔的破裂口。用持针钳夹持缝针对创口进行连续缝合，每缝一针都需要拉紧缝合线，以便创口对合严密。

☞ 阴道腔清洗与消毒：用大块灭菌纱布沾 0.1% 新洁尔灭清理阴道壁。

☞ 术后肌内注射青霉素 800 万单位。1 次/天，连用 5 天。

④子宫脱。子宫部分脱出或全部脱出。

A. 首先由荐尾间隙硬膜外腔麻醉，注入 3 ~ 6 毫升 2% 普鲁卡因（10 毫升 / 支 =0.3 克）。

B. 器械准备：手术剪 1 把，三棱针 1 根，18 号缝合线一卷，青霉素，胶垫若干，土霉素粉，白糖。

C. 清洗子宫：将脱出的子宫用纱布托起，与阴道平齐，用 0.1% 新洁尔灭消毒液清洗干净。

D. 均匀的向子宫黏膜上撒上白糖。

E. 还纳子宫：先找到宫角，用双手握拳用力向里推送，推送时注意要一直顶住向里推送，不要放开再推，否则容易引起更多的充血与出血，还纳完毕后将胳膊在子宫内停留 2 分左右，等待子宫复位。

F. 如果推送时发现子宫破裂，先要全层内翻缝合子宫，迅速肌内注射止血敏（10 毫升 / 支 =1.25 克）×3；然后再推送子宫。（建议淘汰）。

G. 向子宫内部投放土霉素粉 100 克。

H. 阴门做减张缝合。

I.5% 碘酊消毒阴门固定线。

J. 术后护理：

☞ 肌内注射止血敏（10 毫升 / 支 =1.25 克）×3。

☞ 肌内注射缩宫素 40~80 单位。

☞ 静脉注射 25% 葡萄糖（500 毫升）×2；葡萄糖酸钙（20 毫升 / 支 =2 克；80~150 克）。

⑤产后瘫（产后乳热症）。

A. 主要症状。奶牛产后在 3 日内发病，个别在产前数小时发病。呈短暂的兴奋和抽搐，然后站立不稳，更多的倒地不起，体温逐渐降低，耳根冰凉，肌肉颤抖，瘤胃蠕动停止，反刍停止，无粪便，牛俯卧，颈、胸、腰呈 S 形，最后呈昏迷状态，对外界刺激降低或无反应。

B. 诊断方法。要区别奶牛妊娠毒血症，低镁血症（敏感性增高、抽搐、强直惊厥），瘤胃酸中毒。

C. 治疗方案。

a. 静脉注射下列药物：25% 葡萄糖（500 毫升）×2；钙磷镁（500 毫升）×2；葡萄糖酸钙（20 毫升 / 支；80~150 克）；维生素 B_1（0.25 克 / 支；0.25~1.25 克）。肌

内注射速解灵 20 毫升。

b. 疗程：1 次 / 天；连用 3 天。

c. 注意事项：卧地不起的牛逐渐加钙的量。起不来的牛需每日得到至少 2 次以上的挤奶、翻身、饮水、喂料等正常护理。防止褥疮的产生。钙剂静脉注射时要注意听诊牛心脏的心率与心音，当牛心率超过 90 次 / 分、心音弱时应减慢注射速度；当牛出现呼吸加速或呼吸减弱时应立即停止输液，而且必要时立即静脉注射硫酸镁注射液。

4. 泌乳母牛的饲养管理 阶段饲养是提高牛群产奶量和经济效益的有效方法。奶牛按阶段进行饲养管理，这些阶段包括泌乳盛期、泌乳中期、泌乳后期和干奶期。

1）泌乳盛期 围产后期至 100 天为泌乳盛期。此期牛已恢复体能，乳房软化，消化机能正常，乳腺机能日益活跃，产乳量增加很快，进入了泌乳盛期。此时如果提供适宜的饲养管理，可使泌乳高峰期延长到 120 天。

此期把体重降下，控制在合理的范围内是保证高产、稳产和正常繁殖及预防代谢疾病的最重要的措施之一。内容主要包括：

（1）满足优质粗饲料的供给 把牛日粮干物质采食量由占体重的 2.5% ～ 3% 增加到 3.5%，日粮中应含有 2.4 个奶牛能量单位 / 千克干物质、16% ～ 18% 粗蛋白质、19% 的酸性洗涤纤维、25% 的中性洗涤纤维，精、粗比为 60 ∶ 40、钙 0.8% ～ 0.9%、磷 0.45%，并保证其他矿物质的供应。

（2）采用"诱导"饲养方法 在精、粗干物质比不超过 60 ∶ 40 和日粮干物质的粗纤维含量不低于 15% 的前提下，每天以 0.3 千克的梯度增加精饲料用量，以"料领着奶走"至泌乳高峰期的奶量不再上升为止，精饲料的每天最高用量 12 千克 / 头左右。在诱导饲养中，当精饲料每天用量超过 10 千克 / 头时，应注意观察牛的食欲和健康状况，必要时按原量饲喂 2 ～ 3 天之后再增加精饲料饲喂量。

（3）添加过瘤胃脂肪和过瘤胃蛋白或过瘤胃氨基酸 日粮每千克干物质应含有 2.4 个奶牛能量单位，16% ～ 18% 的粗蛋白质、15% 的粗纤维。采用此法的优点是既能提高营养浓度又不降低粗饲料采食量，从而保证了粗纤维的需要。

（4）延长饲喂时间和增加饲喂次数 高产奶牛每天至少需要 6 小时的采食时间，但是在目前采用传统饲养法的条件下，采食时间一般不够，干物质采食量不足，产奶潜力不能充分发挥，所以在生产中应做到分群饲养、定时定量、少给勤添。为保证高产奶牛足够的采食量，可在运动场增设补饲槽。

2）泌乳中期　产后101～200天为泌乳中期。由于进入本期时，干物质采食量已达到高峰，而高峰之后干物质采食量的下降幅度又大大小于产奶量的下降幅度，因此，要调整日粮结构，适当减少精饲料补充料，逐渐增加优质青粗饲料的饲喂量，力求使产奶量下降幅度降到最低，泌乳中期奶牛每月产奶量下降控制在5%～7%。产后140天母牛体重要开始增加，应根据母牛食欲和产奶量适当调整日粮精粗比例，日粮粗纤维不低于17%。按"料跟着奶走"的原则，逐渐减少精料用量，对个体消瘦的牛，精饲料减少的幅度应慢些。这一时期可大量使用粗饲料和副料，以降低饲养成本。对低产奶牛应严格控制精料用量。精、粗料干物质比例应为（45∶55）～（55∶45）。

3）泌乳后期　泌乳后期指产后第二百零一天到干奶。此期处于怀孕后期，产奶量下降幅度较大。营养主要用于维持、泌乳、修补体组织、胎儿生长等。饲料营养供应根据奶牛膘情加以调整，一般以粗饲料为主，精、粗饲料干物质比为（30∶70）～（40∶60）。此期除了根据产奶量的下降情况，继续减少精饲料补充料并逐渐增加粗饲料外，应抓住时机恢复体况，但也要注意不能恢复过度，理想的体况为3.5分。

4）干奶期　产犊前60天左右停止产奶的时间即为干奶期。干奶之前做好隐性乳房炎的检查，若为阳性，应先做治疗，治愈后再行干奶。

（1）干奶方法　干奶方法有2种，第一种是逐渐干奶法，在干奶前7～10天的时间里通过改变对泌乳活动有利的环境因素（主要是饲养管理活动）来抑制其分泌活动；第二种是一次停奶法，充分利用乳房内高的压力来抑制分泌活动，完成停奶。

（2）干奶期划分　干奶期分为干奶前期和干奶后期。干奶前期从停止产奶到产前22天，干奶后期从产前21天到分娩，也是围产前期。干奶期饲养管理的原则是不能使母牛在此期过肥，因为干奶期奶牛过肥易导致难产和产奶量下降，产后会食欲下降，造成大量利用体内脂肪，易引发酮血症。

（3）干奶母牛管理　干奶母牛每天要有适当的运动，如缺少运动，容易过肥，引起分娩困难、便秘以及分娩后产奶量的降低。母牛在妊娠期，皮肤呼吸旺盛，易生皮垢。因此，每天应加强刷拭，促进代谢。

（4）干奶操作标准化

①干奶治疗每周进行一或二次（根据干奶牛头数决定）。

②将所有计划干奶的牛在挤奶厅内，按挤奶程序要求对干奶牛彻底挤净乳汁，

然后采用一次干奶法进行，最后一次挤奶后，彻底消毒乳头，注入干奶药，并用手抓住乳头上推，以助药物扩散，然后及时药浴乳头。

③最后一次挤奶时发现乳房炎的牛必须隔离治疗，治愈后进行干奶。

④对已干奶牛，在牛体表上或用腿带做好标记。

⑤做好干奶牛的登记记录：牛号、配种日期、干奶日期、干奶时是否患有乳房炎、干奶药、牛体况评分，干奶人签名。

⑥将干奶牛的资料报送资料员，将数据录入牧场管理系统。

⑦在停奶后的3天内，兽医每天检查1次干奶牛的乳房状况：是否有红、肿、热、痛等乳房炎现象，若出现上述现象，可将乳腺内乳汁再次挤净，治愈后进行第二次干奶。

⑧干奶3天后进行修蹄，并转入干奶牛舍。

⑨干奶牛必须饲喂干奶期日粮配方。对于已经恢复体况的干奶牛，营养按维持基础上再加3～5千克标准乳所需的营养水平供应。应适当控制精饲料，每天喂量为2～3千克，对于个别膘情太差的牛，精饲料喂量可以增加到3.5千克，以利于控制胎儿体重；增加优质粗饲料喂量，优质青贮饲料喂量在10～20千克，优质干草为2～3千克，最好使用禾本科牧草。在整个停奶过程中，精饲料供应量应根据粗饲料质量及奶牛体况膘情加以调整，精、粗比（35：65）～（30：70），精饲料喂量控制在3.5～5千克，评分3.25~3.5。

⑩干奶牛舍卧床管理：每天2次清除卧床的粪尿，铺垫新的垫料，保持卧床清洁、卫生。注意保持奶牛乳房清洁卫生。保持牛舍清洁干燥，勤换垫草。干奶牛应与产奶牛分群饲养，禁止按摩、碰撞乳房，保持良好的饲养环境。

⑪产前3周将干奶牛转入围产前期待产牛舍。

六、奶牛疫病防治标准化

（一）奶牛保健

奶牛患病使牛场蒙受巨大的经济损失，会增加生产成本。因此，在牛场提高生产效率的计划中，牛群保健计划应占有很重要的位置。牛群保健计划的核心是以防为主，防重于治。实施有效的保健计划，可大幅度降低各种疾病的发生率，提高产品的产量和质量，减少疾病因素给牛场造成的经济损失。虽然治疗对于挽救个体病牛来说是至关重要的，但是对于挽救整个牛场生产来说则预防重要得多。治疗仅是各种生产损失已经发生以后的补救性措施，是被动地降低疾病造成损失的方法。在牛场的经营中，要想最大限度地降低因疾病造成的损失，就必须有一个切合自身生产实际的牛群保健计划，并确保在生产中实施。

1.牛群保健措施　包括消毒、检查、隔离和淘汰及常规防疫注射。

1）消毒　包括物理性清除病原（清理、打扫、去垢和擦洗）和对病原微生物的化学灭活（消毒），能减少周围环境中病原微生物的数量，可减少接触性感染的危险性。

2）检查　针对某些传染病，如结核病和布鲁菌病等，对全群牛只进行检查，尤其是新引进牛只。这对防止疾病流行与暴发、净化牛群非常重要。

3）隔离和淘汰　对病牛或新购进牛采取严格隔离措施能控制疾病的蔓延。隔离场所应选择不易散播病原体、消毒处理方便的房舍。注意严格消毒，加强卫生和护理工作，及时进行治疗，对于失去经济价值或某些危害较大传染病的病牛要坚决给予淘汰。

4）常规防疫注射　制订和执行定期预防接种和补种计划，这是防止传染病的最有效措施。

（1）制订奶牛的保健计划　一般牛场的保健计划见表6-1。

表6-1　不同阶段牛的保健计划

犊牛	初生时，7%碘酊涂于脐部，饲喂初乳
	第二周，去角、去副乳头
	2月龄，布鲁菌病预防接种
	6月龄，黑腿病、恶性水肿的预防接种（可根据地方特点接种）
青年牛	12月龄，牛传染性鼻炎及气管炎、牛病毒性腹泻和钩端螺旋体的预防接种
	15～18月龄，配种
	24月龄，产犊
成年牛与初配母牛	每次挤奶前后，药浴乳头
	产后30～35天，生殖道检查、钩端螺旋体的预防接种
	产后40～60天，配种
	产后60～80天，妊娠检查

（2）牛群保健记录　是牛群保健工作中重要的一环，可真实反映一个牛场的牛群保健水平，是计算牛群发病率、死亡率的重要依据。一般的记录有以下内容：

①犊牛保健记录，包括犊牛号、出生日期、性别、出生重、父母亲号、免疫情况、每个月增重情况。

②青年牛保健记录。包括防疫情况、既往病史与治疗情况、各年龄段增重配种情况、与配种公牛号、妊娠检查结果。

③母牛保健记录。应该与母牛生产记录相结合。除了日产奶量外，还要记录有关配种和生殖道状况、疾病发生和治疗情况，各种疾病的发病时间和危害情况、病因、用药治疗情况、死亡原因和时间等。

④病历档案记录。不少牛场无病历，或有但很零乱。多数牛场只有年、月的发病头（次）数统计，但对每头牛某年（月）和一生中的不同阶段易患哪些疾病的详细情况都不清楚，特别是对高产个体和群体的选育，从抗病力方面很难衡量牛的生产性能。建立健全系统的病历档案不单是一项兽医保健措施，而且也是畜牧技术措施

的主要内容之一，应和育种、产奶量等档案资料一样，认真、系统地做好。

（3）兽医诊断　对维持牛群健康有重要的作用。除对健康牛和病牛的常规检查之外，血清学试验和尸体剖检也是重要的诊断方式。

（4）疾病的监控措施　奶牛场，用牛奶计量仪能准确记录每头奶牛的产量，牛奶体细胞数测定能直接监测乳腺的健康状况。全自动生化分析仪可以对牛的血液样本进行一系列的生化值测定，对牛疾病的辅助诊断起决定性作用。同时，也可对代谢性疾病起到监控作用。

（5）制定疾病定期检查制度　每年春、秋两季，各场应对牛的结核病、布鲁菌病等传染病进行检疫，并利用这两次检疫机会，对牛群进行系统健康检查，针对各场的具体情况，对血糖、血钙、血磷、碱储、肝功能等内容进行抽检。

（6）生产性能测定（DHI）

①体细胞（SCC）是牛群乳房健康水平的标志。奶牛乳房的健康与其产奶量密切相关，见表6-2。利用DHI测定记录的SCC等项目，可指导奶牛场管理人员检测乳房卫生健康状况。

表6-2　混合奶样体细胞数与产奶量损失的关系

体细胞数（万/毫升）	10	20	30	40	50	60	70	80	90	100
产奶量损失（%）	0	2	4	6	8	10	12	14	16	18

②乳品厂的收购牛奶质量报告，对监督牛群乳房健康状况也有帮助。定期实施乳房炎控制项目，让兽医或专家对牛群进行客观评估。

2. 牛传染病的预防措施

1）加强饲养管理　建立和健全合理的饲养管理制度，以提高牛的抵抗力。贯彻自繁自养原则，减少疾病的发生和传播，是当前规模化养殖的重要措施之一。

2）加强兽医卫生监督　做好检疫工作是杜绝传染来源，防止传染病由外侵入的根本措施。

凡从外地输入的牛，须有《检疫证明书》，并经输入地区兽医机构检查，以防牛传染病由疫区传入。牛场的健康牛群每年要定期检疫，以便及早发现传染来源，防止扩大传染。对新购入的牛只，必须进行隔离检疫，观察一定的时间，确定健康可并入大群。

3）搞好兽医卫生　做好经常性的消毒、杀虫、灭鼠工作。对外界环境、牛舍进行定期消毒，这是规模化牛场防止传染病发生的一个重要环节。

4）搞好预防接种　在经常发生某些传染病的地区，或有发生该病潜在的可能性的地区，为了防患于未然，在平时有计划地给健康牛群进行疫（菌）苗接种，称为预防接种。为了使预防接种做到有的放矢，需要查清本地区传染病的种类和发生季节，并掌握其发生规律、疫情动态以及饲养管理情况，制订出相应的预防接种计划，即科学的免疫程序。奶牛常见传染病防疫检疫程序见表 6-3。

表 6-3　奶牛常见传染病防疫检疫程序表

月份	疫病种类	生物制剂	防疫检疫方法或判断结果
1	炭疽	第二号炭疽芽孢苗	肌内注射，成年牛 1 毫升 / 头
3	口蹄疫	口蹄疫 O 型疫苗	肌内注射，犊牛 2 毫升 / 头，成年牛 3 毫升 / 头
4	结核	提纯牛型结合菌素，10 万单位 / 毫升	皮内注射选择颈部 1/3 处，0.1 毫升 / 头，72 小时后观察结果并测量皮厚，皮厚小于 2 毫米为阴性，皮厚增加 2~3.9 毫米为可疑，皮厚增加 4 毫米以上为阳性
	布鲁菌病	布鲁菌病菌平板抗原	用已知抗原和被检血清做平板凝集试验，根据凝集结果判定是否阳性（1∶100 稀释度，"++"为阳性）
5	流行热	牛流行热疫苗	成年牛 4 毫升 / 头，犊牛 2 毫升 / 头，颈部皮下注射（3 周后进行第二次免疫）
6	口蹄疫	口蹄疫 O 型疫苗	肌内注射，犊牛 2 毫升 / 头，成年牛 3 毫升 / 头
9	口蹄疫	口蹄疫 O 型疫苗	肌内注射，犊牛 2 毫升 / 头，成年牛 3 毫升 / 头
10	结核、布鲁菌病		方法同前
12	口蹄疫	口蹄疫 O 型疫苗	肌内注射，犊牛 2 毫升 / 头，成年牛 3 毫升 / 头

（二）奶牛常见疫病防治

1. 疾病诊疗流程　见图 6-1。

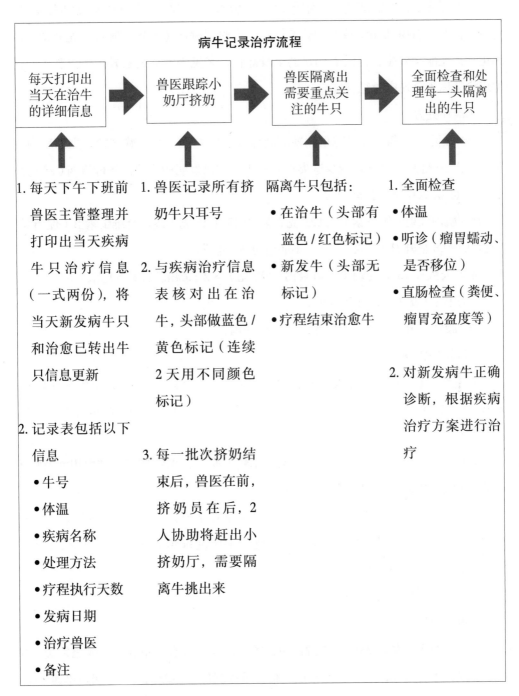

图 6-1　疾病诊疗流程

2. 常见病的介绍与防治

1）消化系统疾病

（1）单纯性消化不良

①主要症状：体温、呼吸、心跳等正常。稍脱水，食欲减退，反刍减少，瘤胃蠕动弱、次数少，左、右腹部叩诊缺少钢管音，左、右腹部触诊（瘤胃、皱胃）无异常，血钙正常，无酮病发生，也没有明显的全身症状，多见于产后天数较短的泌乳牛。这种症状又称为分娩应激综合征。

②治疗处方。

☞ 预防性投药：为了防止分娩应激综合征的发生，在分娩产犊后立即肌内注射科特壮 30 毫升，可有效减少这类疾病发生。对已发病的牛要灌服健胃药（250 克）×2；人工盐 200 克；水 35 千克。

☞ 肌内注射：维生素 B_1（0.25 克/支；0.25~1.25 克）或复合维生素 B（促刍灵）3 支（0.3~0.6 毫升/10 千克），大牛不能超过 30 毫升。

泌乳天数 < 15 天的奶牛，口服钙（200 克）×2；碳酸氢钠 150 克。

③疗程：1 次/天，连用 3 天。

（2）腹泻　分为 2 种：轻度腹泻和水样腹泻。

①轻度腹泻。

A. 主要症状：体温偏低或正常、呼吸、心跳等正常。被毛粗乱、无光泽，粪便稍稀，无黏液，颜色正常，牛稍脱水，瘤胃亢进，食欲减退，逐渐消瘦，产奶量逐渐下降，乳房松弛无奶。

B. 诊断：要排除病毒性腹泻，霉菌饲草料性腹泻，副结核病，皱胃积沙及犊牛球虫病等病因以后才可用以下的治疗方法。

C. 治疗处方：肌内注射注射庆大霉素 2~4 毫克/千克；克林霉素 0.3 克 ×6 支，维生素 B_1（0.25 克/支；0.25~1.25 克）。 配合灌服健胃药（250 克/袋）×2；人工盐 100 克；碳酸氢钠 200 克；水 35 千克。

D. 疗程：1 次/天，连用 3 天。

②重度腹泻。

A. 主要症状：体温偏低，心跳加快，粪便水样，带有大量黏液，颜色发黄，牛严重脱水，瘤胃蠕动减弱，食欲减退，精神重度沉郁，逐渐消瘦，产奶量迅速下降，乳房松弛无奶。

B.诊断：要鉴别奶牛的副结核病，奶牛病毒性腹泻，犊牛球虫病及霉败饲草中毒性腹泻的病因以后可采用以下的对症治疗方法。

C.治疗处方：静脉注射庆大霉素 2~4 毫克 / 千克；克林霉素 0.3×6 支；生理盐水（500 毫升）× 2，维生素 B_1（0.25 克 / 支；0.25~1.25 克）；维生素 C（1 克 / 支；3~5 克），5% 碳酸氢钠（500 毫升）×1，10% 氯化钠（500 毫升）×1，10% 葡萄糖（500 毫升）× 2，10% 氯化钾 60~100 毫升。

注意：静脉注射时，把庆大霉素和碳酸氢钠分开输！

配合灌服健康牛瘤胃液 2 000 克；健胃药（250 克）×2；人工盐 150 克；碳酸氢钠 250 克；水 25 千克。

D.疗程：1 次 / 天；连用 3 天。2 个疗程未好转，取病样送实验室检测。

（3）瘤胃鼓气 分为 2 种：急性鼓气和慢性鼓气。

①急性鼓气。

A.主要症状：左侧腹围高度膨胀，肷窝消失，甚至高出脊背部，牛心跳呼吸加快，可视黏膜发绀，伸颈、伸舌、开口呼吸甚至牛无法站立，瘤胃蠕动停止，食欲废绝，不及时发现治疗，很快死亡。

B.治疗处方：立即用套管针放气或插入胃管放气。若为泡沫性瘤胃鼓气、放气无效时瘤胃内注射或口服 3 倍稀释的消气灵（10 毫升 / 支）×3。当泡沫性急性瘤胃鼓气上述方法无效时，应做瘤胃切开进行瘤胃冲洗。

注意：口服消气灵时，必须使用胃管，也可以穿刺瘤胃肷窝部后注射入瘤胃。

C.疗程：1 次即可。

②慢性鼓气。

A.主要症状：精神稍沉郁，瘤胃蠕动减弱，粪便少，腹围明显膨胀，反刍减少或停止，食欲减退。

B.诊断：要注意测体温，凡体温偏高者，应当怀疑创伤性网胃炎引起。必要时进行血液白细胞总数计数检查。腹下叩诊检查以鉴别是否为创伤性网胃炎病引起。

C.治疗处方：灌服消气灵（10 毫升 / 支）×3；液体石蜡油（500 毫升）×4；健胃药（250 克）×2；人工盐 100 克；碳酸氢钠 100 克。

D.疗程：1 次 / 天；连用 3 天。当上述治疗无效时，可做瘤胃切开，网胃腔内探查取出金属等异物。

（4）瘤胃积食

①主要症状：体温一般在正常范围，瘤胃蠕动停止，反刍停止，瘤胃充满坚实内容物触诊发硬，用手按压后长时间有按压痕迹，粪便少或无粪便，精神严重沉郁。

②治疗处方：灌服液体石蜡（500毫升）×5；健胃散（250克）×2；硫酸镁500克；碳酸氢钠150克；磺胺嘧啶20克；大戟散（250克）×2；水35千克。

配合静脉注射：10%葡萄糖（500毫升）×2；5%葡萄糖（500毫升）×1；维生素 B_1（0.25克/支；0.25~1.25克）；生理盐水（500毫升）×2。

肌内注射胃复安（10毫克/支）×20。

③疗程：1次/天；连用3天。当治疗3天未好转，应尽快做瘤胃切开术，成功率很高。

（5）皱胃移位（LDA）

①主要症状：体温正常，精神稍沉郁，脱水，眼窝下陷，食欲减退，瘤胃蠕动减弱，反刍无力、次数减少，牛逐渐消瘦，肚腹缩小，在左侧肩端水平线的9~11肋骨之间叩诊与听诊有明显的钢管音，饮水，一般产后21天内多发。并常发生于头胎牛，但二三胎也有发生。

②治疗处方：静脉注射10%氯化钠1 000毫升；5%葡萄糖氯化钠2 000毫升；庆大霉素200万；维生素C 2克；10%安钠咖30毫升；1次/天，连用3天。同时灌服下列药物：液体石蜡油2000毫升；四消丸240克；胃复安40片（或肌内注射胃复安）。仅灌服1次，当不能好转时再做手术治疗。

（6）皱胃扭转（RDA）

①主要症状：发病急，体温低于正常体温，精神沉郁，脱水，食欲减退或废绝，瘤胃蠕动减弱或停止，反刍减少、无力甚至停止，粪便少或排出稀薄、颜色深的粪便，粪腥臭，腹围明显膨胀。当顺时扭转时，左右侧肩端水平线上9~11肋骨之间叩诊有明显的钢管音；当逆时针扭转时，钢管音在腹胸部腹部的前中部。喜欢经常饮水，一般产后21天内和产前1个月内多发。

②治疗处方：手术整复。

A.手术人员的准备：本病发病急，病情恶化快，一旦确诊，尽快手术。同皱胃左侧变位，右肷部手术通路。

B.术部准备：器械准备右肷部手术通路。但需准备一根带针头的长硅胶管子，用0.1%新洁尔灭浸泡消毒。

C. 手术方法：

a. 右肷部中下切口，切开腹壁显露腹腔，术者手臂用生理盐水冲洗，伸入腹腔内，手经直肠下方，瘤胃后背盲囊上方进入左侧腹腔内，探查皱胃的位置及鼓气程度。当皱胃内积气过多时，术者手退出腹腔外，再抓带针头的长硅胶管，针在手心内保护，再次进入腹腔内，在皱胃鼓气最明显处刺入皱胃，皱胃内气体经硅胶管的另一端在腹腔外排出，气体排空后拔下针头，退出手臂。

b. 术者手臂用生理盐水冲洗后，手臂经瘤胃腹囊下方与腹腔底部的间隙进入左侧腹腔，手掌托着皱胃，移到右侧腹腔正常位置处。

c. 将皱胃上的大网膜向上提拉，在靠近皱胃幽门处的大网膜上穿 2~3 个固定线，并将固定线缝合在腹壁切口的前侧创缘上。

d. 手伸入腹腔再次复查皱胃复位是否正确。

e. 按常规缝合腹壁切口。

f. 5% 碘酊消毒切口，打结条绷带。

D. 皱胃的整复及固定。

a. 皱胃顺时针扭转：打开腹腔后从切口即可显露扩充积液的皱胃。用灭菌纱布在皱胃下方的腹腔内填塞隔离。

b. 用小弯圆针穿 7 号缝合线在皱胃壁上做一个荷包缝合线，在线圈内刺痛胃壁，迅速插入硅胶塞子，抽紧荷包缝合线，将皱胃内液全部放出。如有积气可用硅胶管另一端抬高放出气体。

c. 拔下插管，抽紧荷包缝合线，用生理盐水纱布拭净胃壁小切口周围的污物，再做内翻缝合，将皱胃拉出切口外，用生理盐水冲洗后，向右侧腹底部还纳。

d. 按逆时针方向推送皱胃。

e. 将瓣胃从底部按逆时针方向抬高到正常位置。

f. 在靠近皱胃的网膜上穿 2 根固定线。

g. 线从腹底壁穿出腹壁外固定。

h. 腹壁切口缝合同左肷切口。

E. 治疗：缝合完毕后，创口喷洒蹄泰，灌服大戟散；健胃散（250 克）×1。

术后护理：

a. 灌服下列药物：液体石蜡油 1 500 毫升，四消丸 180 克。

b. 肌内注射胃复安（1 毫升 / 支）×20。

c.静脉注射下列药物，1 天 1 次连用 4~5 天。10% 氯化钠 1 000 毫升。5% 葡萄糖氯化钠 2 000 毫升，庆大霉素 200 万单位，青霉素 1 600 万单位，维生素 C 2.0 克。10% 樟脑磺酸钠 30 毫升。

（7）皱胃阻塞　分为完全阻塞和部分阻塞。病牛采食减少，反刍减少或停止，瘤胃蠕动音减弱，肠音消失，排粪逐日减少直至排粪停止或仅排一些黏液，个别的排少量稀粪。病牛鼻镜大多湿润，口角不时滴出口水，脱水眼窝下陷。

①诊断要点：

A. 根据瘤胃症状。

B. 叩诊与听诊相结合，在左、右腹部的上方，倒数 1~3 肋间有小范围的钢管音，钢管音范围时大时小，时有时无。

C. 皱胃触诊：完全阻塞，皱胃充满硬实感，轮廓明显。不完全阻塞，皱胃轮廓不十分明显，但向腹下推晃时感到皱胃体积增大，有硬粪团块的感觉。

D. 在腹部中下切口进行腹腔探查。

②治疗：

A. 保守疗法：灌服油类和盐类泻剂，常常无效。

B. 手术切开皱胃取出阻塞物，手术成功率在 75% 以上。

a. 术部准备，器械准备右肷部手术通路。但需准备一根带针头的长硅胶管子，用 0.1% 新洁尔灭浸泡消毒。

b. 手术方法：

☞ 右肷部中下切口：切开腹壁显露腹腔，术者手臂用生理盐水冲洗，伸入腹腔内，手经直肠下方，瘤胃后背盲囊上方进入左侧腹腔内，探查皱胃的位置及鼓气程度。当皱胃内积气过多时，术者手退出腹腔外，再抓带针头的长硅胶管，针在手心内保护，再次进入腹腔内，在皱胃鼓气最明显处刺入皱胃，皱胃内气体经硅胶管的另一端在腹腔外排出，气体排空后拔下针头，退出手臂。

☞ 术者手臂用生理盐水冲洗后，手臂经瘤胃腹囊下方与腹腔底部的间隙进入左侧腹腔，手掌托着皱胃，移到右侧腹腔正常位置处。

☞ 将皱胃上的大网膜向上提拉，在靠近皱胃幽门处的大网膜上穿 2~3 个固定线，并将固定线缝合在腹壁切口的前侧创缘上。

☞ 手伸入腹腔再次复查皱胃复位是否正确。

☞ 按常规缝合腹壁切口。

☞ 5% 碘酊消毒切口，打结条绷带。

2）呼吸系统疾病　肺炎：引起肺炎的病因有细菌性、病毒、寄生虫性多种病因，但有共同的症状。

（1）主要症状：体温升高，精神沉郁，呼吸困难、咳嗽、急促，瘤胃蠕动减弱，脱水，牛逐渐消瘦，听诊肺音时能听见不同的杂音（干啰音、湿啰音等）。

（2）治疗

①治疗处方一：在不明确病因的情况下可选择以下处方，青霉素 400 万单位肌内注射，1 次 / 天；连用 3 天。

②治疗处方二：生理盐水（500 毫升）×2；青霉素（4 克 / 支）×4；10% 葡萄糖（500 毫升）×2，静脉注射，1 次 / 天，连用 3 天。经治疗未愈者可用下列处方，生理盐水（500 毫升）×2，头孢哌酮－舒巴坦钠（1 克 / 支）×16 支，0.5% 氢化可的松（10 毫升 / 支）×10，静脉注射，1 次 / 天，连用 3 天。当用上述方法无效后死亡的病牛，应解剖取肺病变组织送化验室进行细菌分离鉴定和药敏试验。

（3）疗程：1 次 / 天，连用 3 天。

3）代谢疾病　奶牛酮病。主要症状分为临床型和亚临床型 2 种。

①正常奶牛血清酮体含量为 100 毫克 / 升，临床型奶牛血清酮体含量为 200 毫克 / 升；亚临床型奶牛血清酮体含量为 100~200 毫克 / 升。

② 3~6 胎牛多发，发生于产后 3~6 周，产前和分娩后 8 周也有发生。

③病牛顽固性消化障碍，不食精饲料，有的采食减少或停止，反刍减少，瘤胃蠕动减弱或消失，体温一般正常，产奶量下降，牛体日渐消瘦。

④神经症状：初期兴奋、吼叫、顶撞物体、听觉过敏、耳竖立、视物障碍。

⑤有的卧地不起，与产后瘫痪有相似症状。

（2）诊断

①常发生于围产后期。

②化验：低血糖高血酮；酮病测试试纸条检测尿呈阳性。

③根据临床症状。

（3）治疗

①补糖：50% 葡萄糖 500~1 000 毫升，静脉注射，每天 1 次，连用 3~4 天。

②应用糖皮质激素和胰岛素，地塞米松 50~100 毫克 / 天，肌内注射 1 次 / 天，连用 3~4 天。胰岛素 300~400 单位 / 天，肌内注射 1 次 / 天，连用 3~4 天。科特壮

30毫升/天，肌内注射，隔天1次，连用2次。

③对有神经症状的奶牛：25%硫酸镁100~200毫升，皮下注射，1次/天，连用3天。经此治疗，治愈率可达70%以上。

4）外科疾病

（1）脓肿　在任何组织和器官内形成了外有脓肿膜包裹，内有脓汁蓄积的腔洞时即称为脓肿。

①主要症状：体表脓肿部位显著肿胀，热痛明显，早期按压发硬，后期脓腔形成按压有紧张，波动感，脓汁越多越紧张。穿刺从针头排出脓汁即可确诊，一般不出现全身症状。

②治疗处方：首先看脓肿是否成熟，可用20号针头进行穿刺（穿刺时穿刺部位用5%碘酊进行消毒），如果有脓，就可以切开。开刀部位应选择在脓包的最低点，使里面的脓排净。首先剃毛，5%碘酊消毒，然后用灭菌手术刀向脓腔内刺入，切口2~4厘米。然后用清水冲洗，再用过氧化氢冲洗后用生理盐水冲洗干净，脓腔内填塞魏氏流膏纱布条进行创腔引流。术后1~3天每天换药1次，4~6天2天换药1次，4~9天4天换药1次，12天左右即可愈合。局部涂抹鱼石脂，同时用抗生素全身治疗，400万单位青霉素（4克/支）×4。

③疗程：一次/天，连用5天。

（2）传染性角膜炎（红眼病）本病由莫拉氏菌引起牛的一种眼病。

①主要症状：畏光、流泪，有时晃头，后期有黏样脓性分泌物，眼睑红胀、不适，直到眼不能张开，晚期角膜中央浑浊，发生环状溃疡，并变黄色，最后形成角膜肉芽肿。奶牛夏、秋季多发。75%为单眼发病，后期双眼发病，青年牛易发，恢复期长。

②治疗处方：发病初期，将红霉素眼膏或四环素眼膏涂于眼部每日1次，连用5天。严重者用0.5%普鲁卡因10毫升、稀释青霉素80万单位进行上眼睑结膜下注射，1次/天，连用3天。

如果群发时可用磺胺间甲氧嘧啶100毫克/千克体重，三甲苄啶20毫克/千克体重，拌料每天喂2次，喂4~5天。也可用犊痢停拌料，青年牛5头/袋，犊牛15头/袋，每天2次，连用3~4天。用5%~10%的土霉素溶液喷洒眼部，进行预防性治疗。

③疗程：连用3天。

5）其他疾病

（1）药物过敏与疫苗过敏

①主要症状：在注射药物或疫苗数分后，牛出现狂躁不安，不时排粪排尿，流涎，呼吸急促，眼睑肿胀，注射部位皮肤出现荨麻疹，被毛粗乱，阴门、肛门红肿等症状，进一步发展卧地抽搐等症状。

②治疗处方：快速皮下注射肾上腺素2支或地塞米松（0.5～1毫克/千克）×2（怀孕牛禁用）。

（2）腹膜炎　多因创伤性网胃炎，助产及直肠检查，子宫冲洗及手术中腹腔污染引起。

①主要症状：病牛体温升高，食欲大减，甚至不吃食，反复出现膨胀和明显的前胃弛缓等现象。精神沉郁，排粪排尿时有明显的腹痛感，频繁起卧、后肢踢腹，排粪次数增多，但量减少，鼻镜干燥，磨牙、呻吟，瘤胃蠕动减弱甚至消失，逐渐消瘦。腹围逐日增大下垂，腹腔内液体增多，穿刺可流出大量化脓性渗出液，浑浊易凝固。病牛行动和姿势异常，下坡、卧地、转弯都表现很小心。走路时，只想走软路不愿走硬路。卧地时也非常小心，最后卧地不起。对腹部叩诊与听诊可出现钢管音，但位置和范围不固定。对腹部进行冲击式触诊可听到拍水音。

②治疗处方：

A.发病初期用抗生素全身治疗。肌内注射青霉素6支（400万单位）×6或普鲁卡因青霉素（10毫升/支）×4。头孢哌酮-舒巴坦钠1.6克/支×20；0.5%氢化可的松100～150毫升；5%葡萄糖氯化钠1500毫升；静脉注射，1次/天，连用3～5天。左氧氟沙星50毫升/瓶×10，静脉注射，1次/天，连用3～5天。

B.后期：当腹腔穿刺液浑浊，全身恶化后应立即淘汰。

③疗程：连用7天。疾病后期建议淘汰。

（3）乳房水肿

①症状：开始于产犊前几周，乳腺细胞间质的空间积聚过多的液体，表现为乳房及四周水肿，乳房的前后部和底部尤为突出。青年母牛严重程度大于经产母牛，年龄越大的青年母牛越严重。

②影响：不舒适，影响机械挤奶，易损伤，严重水肿影响产奶量，平滑肌收缩乏力导致乳房下垂。

③可能原因：妊娠后期血液蛋白质的减少和血液量的增加，移去的淋巴液没能

得到应有的补偿。多数认为产前的精饲料量与乳房水肿无关。也有报道产犊前饲喂较大量精料可增加水肿的严重程度。也与过量食入食盐和氯化钾有关，特别是青年母牛怀孕后期明显。

④预防：

A. 出现后检查日粮钾和钠含量，控制半干青贮苜蓿喂量。

B. 产前 6 周每天补充 1 000 单位维生素 E。

C. 产后增加热敷和挤奶次数，有助于水肿消退。

D. 水肿严重的用 40% 硫酸镁温水（50℃左右）热敷乳房有明显疗效。

七、牛奶处理

（一）鲜奶处理关键控制点

1. 奶的过滤与净化　牛奶在挤出后不免含有一定数量的尘埃、牛毛、粪屑等，这种情况在手工挤奶时更为严重。这些杂物带有相当数量的微生物，会加速牛奶的变质。因此，过滤是原料奶初处理的一个重要环节。奶挤后在输奶管道直接过滤奶，每次挤完奶后应该按要求更换过滤网。

2. 奶的冷却　经过滤的牛奶应立即冷却。冷却是为了抑制细菌的繁殖，延长牛奶的保存时间，保持牛奶品质。因为刚挤出的牛奶接近牛的体温，是细菌繁殖的适宜温度，如不冷却，细菌会迅速繁殖，使牛奶变质。

在鲜奶中有一种天然的抗菌物质——乳铁蛋白，它可以抑制微生物繁殖，使牛奶本身具有抗菌特性。但这种抗菌性是有一定限度的。其作用时间随奶温的高低和奶的细菌污染程度而异，见表7-1和表7-2。

表 7-1　奶温与抗菌特性作用时间的关系

奶温（℃）	抗菌特性持续时间（小时）
37	≤ 2
30	≤ 3
25	≤ 6
10	≤ 24
5	≤ 36
0	≤ 48
-10	≤ 240
-25	≤ 720

表7-2　抗菌特性与细菌污染程度的关系

奶温（℃）	抗菌特性持续时间（小时）	
	挤奶时严格遵守卫生制度的	挤奶时未严格遵守卫生制度的
37	3.0	2.0
30	5.0	2.3
16	12.7	7.6
13	36.0	19.6

牛奶在保存过程中，在开始的数小时内，由于抗菌特性的存在，细菌增加缓慢。牛奶如不及时冷却，当这种特性消失后细菌会急剧增加。冷却奶在经24小时贮存后，细菌数远比非冷却奶少，可见奶冷却对奶品质保持的重要性，见表7-3。

表7-3　牛奶在贮存时细菌的变化（每毫升牛奶中的细菌数）

贮存时间	冷却奶	未冷却奶
刚挤出的奶	11 500	11 500
3 小时以后	11 500	18 500
6 小时以后	8 000	102 000
12 小时以后	7 800	114 000
24 小时以后	62 000	1 300 000

3. 奶的贮存与运输　由于牛奶是细菌生长繁殖的良好培养基，所以必须保证任何与牛奶相接触的东西绝对干净，以减少污染。贮存牛奶的容器一般是由不锈钢材料制成的，内表面坚硬光滑、不易刮伤，使细菌无法藏匿。应当使用完全清洗干净的容器或是全新的容器装牛奶，避免使用曾装过未知溶液或是装过有异味物质的容器装牛奶。冷却的奶应尽可能保存在低温下。研究显示，18℃条件，对鲜奶保存已起作用，如冷却到13℃，奶在12小时内仍能保持其新鲜度。奶的保存时间和冷却保存温度的关系见表7-4。

表7-4　牛奶保存时间和冷却保存温度的关系

奶的保存时间（小时）	奶应冷却的温度（℃）
6 ～ 12	10 ～ 8
12 ～ 18	8 ～ 6
18 ～ 24	6 ～ 5
24 ～ 36	5 ～ 4
36 ～ 48	2 ～ 1

牛奶保存温度越低则保存时间越长，但通常保存温度在4℃左右，在此温度下贮存牛奶，不应超过48小时。为了防止牛奶贮存过程中因脂肪受重力作用而分离，影响牛奶均匀性，所使用的贮奶缸必须装有搅拌装置。剧烈搅拌将使牛奶中混入空

气，并导致脂肪球破裂，使脂肪游离，并易在解脂酶的作用下分解。因此，轻度地搅拌是贮存牛奶的最基本方法。较小的贮存罐常常安装在室内，较大的则安装在室外以减少厂房建筑费用。露天大罐是双层结构的，在壁与壁之间带隔温层。罐内层用不锈钢制成，内壁抛光。

要求：

图 7-1　奶罐

①生鲜牛奶的储存应采用表面光滑的不锈钢制成的贮奶罐。见图 7-1。

②牛奶挤出后，先进入冷热交换器，预冷后再进入奶罐，1~2 小时内冷却到（4±1）℃以下保存，贮存时间最好不超过 24~48 小时，温度恒定到 4℃左右。

③生鲜牛奶的运输应使用表面光滑的不锈钢制成的保温罐车。

④出场前牛奶贮存温度应保持 5℃以下，中途不能过多停留，将牛奶运到加工厂，保持牛奶冷链状态。

⑤保持奶库清洁卫生，每天清扫、冲刷 1 遍。

⑥奶车、奶罐每次用完后内外彻底清洗、消毒 1 遍。

⑦奶车、奶罐清洗时，先用温水（40~50℃）清洗，至水清为止；然后用热碱水（80~85℃）循环清洗消毒（排水温度 >50℃），碱水浓度，按照药品说明书进行配置；最后用清水冲洗至水清，无清洗剂。可以隔 2 天换 1 次酸性清洗剂。奶罐车见图 7-2。

⑧奶泵、奶管使用后及时清洗和消毒。

图 7-2　奶罐车

（二）鲜牛乳质量标准

根据标准提出如下的《食品安全国家标准 生乳》（GB 19301—2010）收购标准：

1. 感官要求 正常牛乳呈乳白色或微黄色，其组织状态是均匀一致的液体，无沉淀、无凝块、无正常视力可见异物。滋味和气味具有新鲜牛乳固有的香味，无异味。

2. 理化要求 见表7-5。

表7-5 鲜牛乳理化指标

项目	指标
冰点 [a, b]（℃）	−0.500~−0.560
相对密度（20℃）	1.027
脂肪（克/100克）	≥ 3.1
蛋白质（克/100克）	≥ 2.8
非脂乳固体（克/100克）	≥ 8.1
杂质度（毫克/千克）	≤ 4.0
酸度，（°T）	12~18
a 挤出3小时后检测。b 仅适用于荷斯坦奶牛	

3. 微生物 微生物指标 ≤ 30万个/毫升。

4. 体细胞 体细胞 ≤ 60万个/毫升

5. 卫生要求 符合如下标准（毫克/千克）：汞 ≤ 0.01、砷 ≤ 0.2、铅 ≤ 0.05、铬 ≤ 0.3、硝酸盐 ≤ 8.0、亚硝酸盐 <0.2、黄曲霉毒素 ≤ 0.2、马拉硫磷 ≤ 0.1、倍硫磷 ≤ 0.01、甲胺磷 ≤ 0.2、六六六 ≤ 0.05、DDT<0.02、抗生素不得检出。

参考文献

［1］ 李胜利，姚琨，曹志军，等.2019 年奶牛产业技术报告 [J]. 中国畜牧杂志，2020，56（03）：136-141.

［2］ 刘回春.标准化养殖是保障奶业质量安全的基础所在 [J]. 中国质量万里行，2017，12：44-46.

［3］ 李胜利，姚琨，杨敦启，等.奶牛标准化规模养殖现状及发展 [J]. 中国畜牧业，2013，9：18-29.

［4］ 王根林.养牛学 [M].2 版.北京：中国农业出版社，2013.

［5］ 徐照学，兰亚莉.奶牛饲养与疾病防治手册 [M]. 2 版.北京：中国农业出版社，2009.

［6］ 付云宝.奶牛场标准化管理手册 [M]. 2 版.北京：中国农业出版社，2015.

［7］ 刘贤侠，谷新利，王少华.奶牛繁殖管理与疾病防治 [M].新疆：伊犁人民出版社，2019.

［8］ 王福兆.乳牛学 [M].北京：科学技术文献出版社，2004.